家风正 万事兴

新时代领导干部家风建设

兰苑 ◎ 著

人民日报出版社

北京

图书在版编目（CIP）数据

　　家风正　万事兴：新时代领导干部家风建设 / 兰苑
著 . — 北京：人民日报出版社，2023.11
　　ISBN 978-7-5115-7604-0

　　Ⅰ.①家… Ⅱ.①兰… Ⅲ.①家庭道德－中国－通俗
读物　Ⅳ.① B823.1-49

　　中国版本图书馆 CIP 数据核字（2022）第 230152 号

书　　　名：家风正　万事兴：新时代领导干部家风建设
　　　　　　JIAFENGZHENG WANSHIXING：XINSHIDAI LINGDAO
　　　　　　GANBU JIAFENG JIANSHE
作　　　者：兰　苑

出 版 人：刘华新
责任编辑：梁雪云　陈　佳
封面设计：李尘工作室

出版发行：人民日报出版社
社　　址：北京金台西路 2 号
邮政编码：10073
发行热线：（010）65369527　65369509　65369512　65369846
邮购热线：（010）65369530　65363527
编辑热线：（010）65363486
网　　址：www. peopledailypress. com
经　　销：新华书店
印　　刷：大厂回族自治县彩虹印刷有限公司
法律顾问：北京科宇律师事务所　010-83622312

开　　本：880mm×1230mm　1/32
字　　数：160 千字
印　　张：5.75
版次印次：2023 年 11 月第 1 版　2023 年 11 月第 1 次印刷

书　　号：ISBN 978-7-5115-7604-0
定　　价：48.00 元

序 言

　　一名合格共产党员的成长，是内因与外因相互作用的结果，离不开组织的培养教育，也离不开优良家风的熏陶；一名合格共产党员形象的树立，体现于踏实的工作中，也反映在正确处理家庭生活等事情上。好的家风，能带动党风政风，能引领民风社风。领导干部的家风建设是领导干部作风的重要表现，事关党风、政风、民风、社风，绝不是个人的私事、小事，而是国家和社会的"大事"。现实生活中，一些领导干部之所以贪污腐化，与其家风不正、家教不严有很大关系。"风成于上，俗形于下。"新形势下，大力强化干部作风建设、深入开展反腐败斗争，必须深刻认识领导干部家风建设的重要影响和意义。

　　党的十八大以来，以习近平同志为核心的党中央高度重视干部家风建设，提出注重家庭、注重家教、注重家风，紧密结合培育和弘扬社会主义核心价值观，发扬光大中华民族传统家庭美德，促进家庭和睦，促进亲人相亲相爱，促进下一代健康成长，促进老年人老有所养，使千千万万个家庭成为国家发展、民族进步、社会和谐的重要基点。① 各级领导干部要带头抓好家风，做家风建设的表率。中国共产党人在家风建设方面理应起到引领作用，既要以中华优秀传统文化精髓为根基，又要坚持马克思主义家庭观，继承革命传统、传承红色基因，进而引领每个家庭形成良好家风。

好家风是领导干部精神成长的涵养池。领导干部有什么样的家风，往往就有什么样的精神状态、人生格局与目标，进而影响到其做人的态度和做事的方法。因此，培养好家风对于各级领导干部加强党性和作风修养都具有重要意义。近年来，一些领导干部"家风不严、后院失守"的教训警示我们，从严治党必须抓紧抓好家风建设。新修订的《中国共产党廉洁自律准则》《中国共产党纪律处分条例》，对领导干部"修身齐家"提出了道德要求、划定了纪律底线。这是党的党性宗旨和作风建设的必然要求，体现了党正风反腐的坚强决心，也释放了执纪从严的强烈信号。

不忘初心，方得始终。中国共产党人的初心和使命，就是为中国人民谋幸福、为中华民族谋复兴。领导干部培育好家风，就要守初心、下决心。"公者千古，私者一时。"守初心就是要把人民放在心中最重要的位置，为人民服务，不谋一己一家一族之私，坚决不搞"封妻荫子""一人得道鸡犬升天"那一套。

---

① 习近平：《在 2015 年春节团拜会上的讲话》，《人民日报》，2015 年 2 月 18 日。

下决心就是要从内心深处认识到"积善之家，必有余庆；积不善之家，必有余殃"的道理，真正自觉地把家风建设摆在重要位置，不犹豫、不动摇，坚持不懈、久久为功。

　　本书紧紧围绕干部家风与党风、政风、民风、社风建设的内在逻辑展开研究和探讨，提出建议，并在每章之中穿插典型事例以加深阅读感悟。全书在编写过程中参考了一些专家、学者的最新成果，在此表示敬意和感谢。囿于编者水平有限，书中或存在不足之处，还望读者不吝指正批评。

目　录

第一章 领导干部家风建设的内在逻辑

一、丰富的马克思主义理论渊源

（一）马克思主义家庭观的演进历程及基本内容

1. 马克思主义家庭观的演进历程

马克思恩格斯在创立马克思主义学说之初，就对家庭的起源和本质等内容进行了深入思考。在马克思恩格斯的多部著作、文章和大量书信中，都涉及对家庭问题的论述。马克思主义家庭观是马克思主义学说的重要组成部分，其形成经历了一个不断发展和完善的过程。1846 年，马克思恩格斯在《德意志意识形态》中指出："每日都在重新生产自己生命的人们开始生产一些人，即繁殖。这就是夫妻之间的关系，父母和子女之间的关系，也就是家庭"。①这是马克思恩格斯首次对家庭的本质内涵进行的积极而有意义的探索。

1877 年，摩尔根所著《古代社会》一书首次出版，该书对当时在资产阶级内部广为流传的父权制和私有制观念发起了挑战，明确提出人类婚姻家庭的演变过程经历了杂婚制、群婚制、个体婚制三个阶段。于是，德国社会民主党人考茨基等人便从维护私有制和父权制的角度出发，对摩尔根的这一思想大加挞

---

① 《马克思恩格斯选集（1）》，人民出版社 1995 年版，第 80 页。

伐，试图论证以男性为中心的父权制家庭才是人类最初的家庭表现形式。马克思则认为，古代的家庭组织是以血缘关系为纽带，并以全体生产者和生产资料相结合为具体表现形式的。由此出发，他对《古代社会》一书的研究成果进行了深入探讨，并著成《摩尔根〈古代社会〉一书摘要》。该著作客观地阐明了家庭在古代社会中的突出地位，强调家庭是推动历史发展进步的关键因素之一，这既与古代社会基本生产模式相一致，又再现了古代社会自然的历史发展进程。1884 年，恩格斯以《摩尔根〈古代社会〉一书摘要》为参考，结合自身对人类学的研究，撰写并出版了《家庭、私有制和国家的起源》，有力地论证了母权制、群婚制的存在和发展进程具有其历史必然性，揭示了人类社会家庭文明发展的基本规律之一，即表现为血缘关系到一夫一妻制的演进过程。

恩格斯的《家庭、私有制和国家的起源》一书是研究马克思主义家庭观的重要依据。自从该书问世以来，国内外学者便逐渐形成一股研究马克思主义家庭观的热潮，他们主要从社会学、人类学、伦理学等学科的角度对马克思主义家庭观进行了较为深入的研究。为实现和谐家庭与和谐社会的构建，我们需要关注马克思主义家庭观的应用价值层面。为此，需要我们将马克思主义家庭观与中国具体实际相结合，研究转型时期我国家庭的伦理道德状况。事实上，马克思恩格斯对以"家庭的概念"来研究家庭的方法持否定态度，他们认为需将家庭置于社会发展的历史进程中加以剖析，不能单纯地将其看作一种孤立的社会现象。换言之，即马克思恩格斯认为可以把家庭关系视为社会关系的一种，家庭的本质是一种社会关系。家庭是人类自身生产的社会组织形式，这种生产涵盖两个方面，既包括用以维系人类生存的物质生产资料的生产，也包括人自身的生产。亦即家庭关系包括自然关系和社会关系，自然关系即人类自身的生产——物种的繁衍；社会关系即生产资料的生产——人类赖以生存的保障。以上述两种关系为基础衍生而来的其他亲属关系，其本质同样是一种社会关系。

2. 马克思主义家庭观的基本内容

婚姻家庭是社会发展到一定阶段的产物，是同一定社会中生产方式和生活方式相适应的人类两性结合和血缘关系的社会形式，它经历了由较低级阶段逐渐向高级阶段转变的发展过程，家庭的变化推动着亲属制度、社会制度的根本变革。生活在某一历史时代或某一区域的人们，在其特定的社会制度下，不断地受到劳动发展阶段和家庭发展阶段的双重限制。把家庭作为推动社会进步发展的主要力量之一，这一观点无疑是对唯物史观的进一步丰富和发展。物质生产的发展水平、社会经济关系的变化，归根结底会对家庭形态的变迁产生制约和影响。家庭以婚姻为基础，婚姻则需要以爱情为前提。婚姻的平等、家庭的幸福乃至社会的和谐，均依赖于男女经济地位的平等。

总之，马克思主义家庭观是由自然关系和社会关系这两种关系组成的。家庭的自然关系首先指的是夫妻关系，这是家庭中最基本、最原始的关系。在家庭中自然关系占据首要位置，它是人类得以存在和繁衍的前提。家庭的社会关系泛指父母与子女之间的关系，社会关系在一定层面上展现了家庭成员之间内在的必然联系。自然关系中包含社会关系的内容，社会关系中也带有自然关系的成分。由此可见，马克思主义家庭观体现了自然关系和社会关系的动态统一。

（二）新时代加强领导干部家风建设的价值意蕴

中国共产党自成立之日起，便将马克思主义家庭观作为批判封建婚姻家庭制度的有力思想武器。中华人民共和国成立后，倡导男女平等、恋爱自由、家庭和谐的新型家庭制度和家庭观念得以确立。中国共产党一直是马克思主义家庭观的忠实践行者，以马克思主义家庭观为指导，党领导人民实现了马克思关于家庭的设想。在中国特色社会主义新型家庭的构建中，中国共产党极其重视领导干部家风建设，树立醇厚的家风已成为广大领导干部廉洁修身、廉洁齐家的制胜法宝。

1. 领导干部优良家风对家庭成员具有训诫和教化作用

当前，领导干部家风建设之所以备受重视，是因为可以实现以家风促领导干部作风，以领导干部作风促党风，以党风促民风，最终使得整个社会形成良好风气的愿景。家风严正不仅对领导干部本身形成一种"正约束"，对其配偶、子女的思想道德养成也同样具有不可忽视的积极作用。领导干部在长期的家庭生活中应引导配偶、子女形成正确的权力观、亲情观、公私观，为社会道德建设和精神文明建设树立榜样。

领导干部重视家风建设、传承优良家风，应正视角色冲突及其调和问题。领导干部在社会中集单位领导、家庭成员、亲友等多种角色于一身，不同角色产生的矛盾和冲突会为其带来烦恼、困惑及压力，有时甚至影响其正确行使党和广大人民赋予的行政权力。因此，充分认识角色冲突存在的客观性和必然性、正确处理角色冲突是领导干部的必修课。领导干部在努力扮演好自身角色的同时，还应积极矫正家庭个体成员与自身角色不符的特殊心理期待。因此，从严治党要以领导干部从严治家、涵养优良家风为基准，要善于结合由于社会变迁所带来的家庭活动的新特点，精准定位家庭内部成员的内外关系，以与时俱进的理念赋予领导干部家风新的时代内涵，使领导干部家风建设能够沿着科学、合理、合法的轨道运行。领导干部及其家庭成员均应牢记广大党员、各级领导干部都是人民的公仆，来自人民，服务于人民，应时刻谨记"为人民服务"理念、恪守"为国为民"人民情怀，不享有任何特权，在执行廉洁自律准则要求方面起到带头和表率作用，自觉反对一切特权思想和现象，并与一切特权思想和现象做坚决的斗争。

2. 领导干部优良家风对党风廉政建设具有保障和促进作用

领导干部家风是领导干部个人作风的折射和延伸，重视家风建设是中国共产党人优良作风建设的重要内容之一。作为中华优秀传统文化的忠实继承者和发展者，中国共产党始终将领导干部家风建设作为党的建设的重要组成部分而倍加重视。家庭是社会的基本单元，家庭治理内镶于国家治理之中。当领导干部具化为社会单一家庭中的一分子时，其便与广大人民群众一样，拥有着普通人在家庭日常生活中的多向度需求。

与普通家庭相比，领导干部家风具有明显的政治属性。政治是以公共权力为核心展开的各种社会活动和社会关系的总和，领导干部家庭与公共权力之间看似有着一种无法彻底割裂的特殊关联。究其原因，权力作为一种符号资源，在心理上和行动上均对领导干部有着举足轻重的影响，它不会随着领导干部家庭角色的转变而自动消失，这就形成了领导干部家庭作为一种特殊的社会力量而存在的客观事实。这两种角色一旦不能兼容，就会造成领导干部家庭和社会角色的冲突，甚至出现行为过失。

"一家仁，一国兴仁；一家让，一国兴让；一人贪戾，一国作乱。"(《大学》)家风是一种无形的精神力量,它既能在思想道德上对家庭成员予以约束,又能促进家庭成员在文明、和谐、向上的氛围中不断进步。与普通家庭相比,领导干部家风建设的起点要更高、标准要更严。"民惟邦本,本固邦宁。"(《尚书·五子之歌》)人民群众评价领导干部,不只是对领导干部本人闻其言、观其行,领导干部家风建设往往也被纳入评价体系之中。领导干部家风建设的关键在于要求领导干部必须始终坚持立党为公、执政为民的执政理念,以人民为中心,践行"权为民用"的基本准则。"政者,正也。子帅以正,孰敢不正。"(《论语·颜渊》)领导干部个人的党性、党风状况对其家风的形成有着决定性的影响,而优良的家风一旦形成,又将给予领导干部个人的角色认知、角色行为、角色道德以正向的引导、约束和保障。

领导干部只有具有坚定的党性,才能从容应对来自家庭内外的压力,在"感情""亲情""人情"面前抵御住经济利益等方面的诱惑,真正做到"恋亲不为亲徇私,念旧不为旧谋利,济亲不为亲撑腰"。在建设中国特色社会主义政治文明的新时代,我们更应将领导干部家风建设作为党风廉政建设的重要组成部分而常抓不懈。

3. 领导干部优良家风对社会风气具有示范和引导作用

领导干部家风与社会风气的优劣有着密不可分的关系。孟子曰:"人有恒言,皆曰'天下国家'。天下之本在国,国之本在家,家之本在身。"这句话道出了一个真理——家是最小国,国是千万家。中国人所秉持的"家国一体"的情怀源远流长,家国同构思想不仅是一个家庭的灵魂,在政风、党风、民风的建设中也同样发挥着独特的作用。家风连着党风,党风引领社风,特别对领导干部而言,家风并不属于私人领域,而是干部作风的重要表现。家风正，可以促进党风好转，进而引导优良的社会风气；家风不正，必将影响党风进一步恶化，随之世风日下。因此，作为党员干部，必须树立知礼仪、懂廉耻、重美德、讲规矩的良好家风，带动和影响其他家庭，起到示范表率作用。领导干部的家风应植根于中华优秀传统文化土壤，体现出中国共产党人的孜孜追求，与普通群众的家风相比，应有更为高远、深刻和丰富的时代内涵。中国共产党是拥有 9600 多万党员的大党，广大领导干部应带头践行社会主义核心价值观，讲党性、重品行、作表率，立家规、严家教、正家风，厚植家国情怀，自觉以过硬的家风锻造过硬的作风，引领廉洁实干的时代风尚，从而带动全社会形成重家庭、严家教、正家风的浓厚氛围，形成优良的社会风气。

作风建设是党的建设的永恒课题，中国共产党历来重视作风建设。而家风作为广大党员和领导干部作风的重要表现形式，必然为广大人民群众所期待、所关注。"正家而天下定矣！""一室不可治，何以天下家国为？"进入新时代，开展领导干部家风建设工作，十分重要也非常紧迫。领导干部手握公权、身居要职，为私即为害、为公即为善。因此，优良的领导干部家风有助于为官从政者坚守初心和使命，进而向社会源源不断地注入道德理性的正能量。领导干部家风建设事关良好社会秩序的形成，事关共产主义理想信念的塑造，事关社会主义核心价值观的培育、形成和践行。总之，面对新时代、新形势，领导干部应当率先垂范，将家风建设摆在重要位置，为形成良好的政风、党风和加强马克思主义家庭观视阈下的领导干部家风建设做出积极贡献。

（三）马克思主义家庭观与领导干部优良家风建设的融合发展

马克思恩格斯通过在特定的社会关系中对人类社会的各种家庭形式及其演进进行考察，深刻揭示了家庭的起源及其发展规律，得出家庭的出现是人类社会存在和发展的客观需求的结论。不仅如此，他们还从人类社会发展的历史角度出发，得出生产力和生产关系对人类社会婚姻制度产生重要影响的结论，并对原始社会和私有制社会婚姻制度进行了批判，在此基础上，对未来社会美好婚姻制度的蓝图进行了描绘。如前所述，马克思主义家庭观产生于早期资本主义私有制阶段。中国当前处于社会主义发展的新时期，当前的社会现状与马克思主义家庭观提出时的早期资本主义私有制阶段的社会背景有很大差异，但其中所蕴含的基本方法和主要观点，仍可为新时代社会主义广大党员家风建设提供理论支持，从其中找到赖以借鉴和遵循的基本规律，对新时代广大党员和领导干部家风建设具有极其重要的启示和借鉴作用。

1. 坚持马克思主义家庭观，重塑新时代家庭伦理关系

马克思主义家庭观关于家庭问题认识的逻辑架构对新时代社会家庭的研究及家庭建设具有理论奠基意义。马克思主义家庭观的最大贡献，是在批评资产阶级婚姻家庭的虚伪性和堕落性的同时，为现代社会家庭研究及家庭建设指明了基本方向，并规定了实现路径。因为家庭是个不断变化的社会现象，其发展和变化都是以当时的生产力水平为物质基础。改革开放以来，我国致力于不断发展和完善社会主义市场经济，不断提高社会生产力的发展水平，包括实现家庭的内部和谐、实现家庭成员

的全面发展等在内的家庭建设，向着未来家庭的理想状态无限接近。

中国共产党在领导广大人民群众进行中国特色社会主义建设的伟大征程中，将理论与实践相结合，创造性地提出社会主义和谐家庭论，继承和发展了马克思主义家庭观中的家庭与社会关系学说。和谐家庭关系是构建家庭成员之间、家庭与社会之间、家庭与自然之间和谐共处的新型文明家庭模式。和谐家庭的特征是夫妻恩爱、互信互帮、民主平等、沟通协商、抚幼养老、责任担当、勤劳致富、团结和睦、轻松愉快、身心健康。其中夫妻恩爱是核心，责任担当是关键，勤劳致富是基础，团结和睦是保证。但凡和谐家庭大都体现出这样的特点：第一是归属感，即认同感，热爱自己的家庭；第二是责任感，成员对家庭承担责任，对社会也承担责任；第三是支持感，不仅物质上支持，而且精神上、情感上相互支持；第四是舒适感，家里舒服，我们就愿意回家。毫无疑问，家庭的和谐与健康发展离不开包括传承优良家风在内的家庭文化建设。

马克思主义家庭观对当前我国领导干部家风建设起到价值导向作用。其在实质上是要实现包括女性在内的人人真正平等、自由解放和全面发展，并根据社会发展的特点和基本规律，以公有制最终必将取代私有制为前提，构想出社会主义及共产主义社会中以公有制为基础的一夫一妻制的理想家庭模式。马克思指出，"社会的进步可以用女性（丑的也包括在内）的社会地位来精确地衡量"，[①]因而能否实现约占人类半数的妇女的解放，做到真正意义上的男女平等，是衡量人的解放程度的重要标准。

---

① 《马克思恩格斯选集（4）》，人民出版社 1995 年版，第 586 页。

恩格斯也认为，只有在社会生产力高度发展、物质和文化水平极大提高、政治和经济因素不再成为缔结婚姻关系的前提条件之后，人类才有可能获得婚姻的真正平等和自由。可见，平等和自由是马克思主义家庭观的精髓。基于此，中国共产党对马克思主义家庭观进行了继承和发展，对其关于一夫一妻制的男女平等是社会发展的必然产物的观点给予高度肯定，并在生产资料社会主义公有制的前提下实现了"女性重新回到公共事业中去"的目标，使得女性在政治和经济上享有与男性同等的地位和权利。在当代社会，女性开始有了自己的事业，并逐步参与社会事务。尽管男性仍然占据有利地位、拥有更多的资源和机会，但是在家庭内部，女性和男性具有相同的尊严。两性之间的从属关系逐渐淡化，男女地位趋于平等，这为领导干部优良家风的建设创造了条件。

领导干部在家风建设中，要尤为重视营造和谐的夫妻关系。夫妻关系是整个家庭关系网络的中心，夫妻关系的质量和稳定状况是考察家庭关系问题的重点，是协调处理其他家庭关系的基础。夫妻关系的性质是双向和平等的，是在平等的家庭地位上通过积极的互动和沟通，来调节彼此之间的关系，及时解决可能产生的摩擦、冲突等问题；使夫妻各自的生活爱好、共同的目标以及照顾老人和培养子女等家庭事务都能得以兼顾。这种平等互动的原则也适用于建立家庭的其他横向关系。同时，现代家庭模式中的纵向关系亦是双方互动的，不管是长辈还是后代，都是家庭的成员，在人身人格上都应该独立而平等，不应该有高低之分和主从之别。因此，任何形式的家长制统治，婚外情恋，唯老独尊，鄙视、虐待、抛弃老人，以独生子女为贵等观念和行为都是错误的。

在和谐社会的构建中，中国共产党致力于发展经济和以改善民生为重点的社会建设，以马克思主义家庭观为指引，倡导男女平等，弘扬社会主义家庭美德，实现和谐的家庭关系，追求家庭成员的全面自由发展，以促进社会的稳定进步。从这一逻辑思路中，可以看出坚持马克思主义家庭观对构建新时代社会主义和谐家庭论基本架构的重大意义。

2. 明确领导干部角色定位，强化家庭成员道德自律

马克思恩格斯曾对自由竞争的资本主义社会给人们的观念带来的巨大影响做出深刻描述："生产的不断变革，一切社会状况不停的动荡，永远的不安定和变动，这就是资产阶级时代不同于过去一切时代的地方。一切固定僵化的关系以及与之相适应的素被尊崇的观念和见解都被消除了，一切新形成的关系等不到固定下来就陈旧了。"一方面，当今世界科技发展日新月异，经济全球化潮流不可阻挡，这些新变化对于人们的婚恋观念、家庭伦理关系等均会产生不同程度的影响，因此，必须将马克思主义家庭观与新时代我国家庭的具体实际结合起来；另一方面，面对经济社会快速发展所出现的各种诱惑，领导干部要明确自身在新时代家庭中的角色定位，时时处处做到以身作则，并对自己的妻子儿女等家庭成员以及亲属履行约束和监督义务。

在马克思恩格斯看来，道德的基础是人类精神的高度自律，离开自律，道德也便无从谈起。因此，在推进马克思主义家庭观中国化的过程中，我们需要不断强化家庭成员特别是领导干部家庭成员的道德自律。而所谓道德自律，即是指道德主体在社会实践中为实现自身的自由幸福而自觉地内化并遵循社会道德规范所形成的内在约束，其主要包括自我观察、自我评价和自我强化三个环节。道德自律的前提和基本要求是道德规范的

内化，亦即唯有道德主体在主观意识层面承认并接受道德规范，才会切实遵循道德规范的有关条目，并在社会道德实践中进行有目的性的选择，并予以践行。《中国共产党章程》规定："中国共产党党员永远是劳动人民的普通一员。除了法律和政策规定范围内的个人利益和工作职权以外，所有共产党员都不得谋求任何私利和特权。"对于领导干部而言，应加强家庭成员的道德自律，将道德规范内化为自身修养，正确处理人的意志自由与道德自律之间的关系。马克思主义家庭观的根本价值取向和最终目标是为了实现所有人的解放。不可否认，人的解放与人的自由密切相关。尽管自由是人的终极价值诉求，却是有条件的和相对的，是需要置于社会规范的制约之下的。因此，领导干部要做到以德修身、以德立威、以德服众，自觉摒弃、抵制特权思想和特权现象，厘清并恪守人伦亲情和国法党纪之间的界限，严格把控个人自由度，并将对家人的情、对亲友的义始终限定在家庭活动范围之内。

3. 重视子女家庭教育，涵养清正廉洁优良家风

马克思恩格斯认为，人类作为群居动物，不可能脱离群体而独立存在。从狭义上讲，家庭就是人类聚居在一起的相对较小的社会生活共同体。领导干部虽为人民群众中的"关键少数"，但其仍然脱离不了现实的社会化的人的本质。换言之，领导干部也是以社会需要和自身需要为出发点，从事实践活动、处在一定社会关系和家庭关系之中、具有主观能动性的人。亲子关系是由婚姻关系派生出来的最为直系的血亲关系，在情感上和心理上拥有其他关系所无可比拟的天然黏合性。故此，亲子关系便可能成为领导干部家风建设中的问题多发点，因而优化家庭内部生态也是防范亲子关系侵蚀权力的重要环节。在马克思

恩格斯看来，"孩子的发展能力取决于父母的发展"[①]，于父母而言，孩子既是被抚养的对象，也应该是被教育的对象。可以说，传承教育是家庭伦理的内在驱动力。马克思父母的家庭道德教育不仅对马克思本人道德品性的养成产生了影响，而且也间接地影响到马克思对其子女的早期启蒙教育。在家庭关系的处理中，马克思努力营造轻松欢快的家庭氛围，注重教育方法的运用，同子女间建立了极为和谐融洽的亲子关系。

在当代中国社会，与其他普通父母无异，领导干部对子女同样负有无可推卸的教育责任。"父母之爱子，则为之计深远"（《战国策·赵策》），"爱之不以道，适所以害之也"（司马光《资治通鉴·晋纪十八》）。中华人民共和国成立后，老一辈无产阶级革命家严格要求自己的配偶、子女等，他们用自己的高风亮节和实际行动为全党和全社会树立起领导干部优良家风的典范。领导干部要将这种红色家风作为家庭教育的主要内容传承给下一代，让子女深切感悟到领导干部手中的权力来自人民，是只能用于为人民服务的公权力。李大钊的嫡孙李宏塔谈起父亲李葆华，感慨地说："父亲对我们没有什么条条框框的规定，更多的是身教重于言传。父母对我们要求非常严格，从小就用祖父的事迹教育我们，说祖父为革命英勇牺牲，虽然现在是和平年代，但并不代表任务完成了，革命需要几代人的努力，要我们严于律己，不断学习进步。"[②]李葆华 1909 年出生于河北。十几岁时，他就在父亲李大钊的引导下走上革命道路，中华人民共和国成立后曾担任过安徽省委书记、中国人民银行行长等

---

① 宋惠昌：《马克思恩格斯的伦理学》，红旗出版社 1986 年版，第 183 页。

② 王艳萍：《冀东抗战中的李大钊后代》，《档案天地》，2015 年第 11 期，第 19 页。

重要职务。然而这样一位高级干部家中，却简朴得让人难以置信———老旧的三合板家具、人造革蒙皮的椅子、客厅的沙发坐下就是一个坑。房子是 20 世纪 70 年代的建筑，2000 年，中央有关部门要为他调新房，他说："住惯了，年纪也大了，不调了。"

三年困难时期，李葆华调任安徽省委书记，上任后第一件事就是检查城镇居民的粮食供应配额。他借了一个粮本，自己到一家粮店买粮。营业员给了他 3 斤大米、7 斤红薯干。李葆华说："不对，国家规定是每人每月 7 斤大米、3 斤红薯干。"营业员说："是上边让我们这么卖的。"两人争执起来。粮店给派出所打电话，公安人员带走了这个戴着眼镜、知识分子模样的大个子……后来问题清楚了，粮食供应配额问题解决了，省委书记微服私访的故事也在社会上流传开来。李葆华却说："我没搞过什么'微服私访'，下去不浩浩荡荡就是了。"

父亲去世后，有记者问李宏塔："你父亲给你们留下了多少遗产？"李宏塔说："我们不需要什么遗产，李大钊的子孙有精神遗产就够了。"

其实，从几个子女的生活点滴，就能了解李家的家风。前些年，在安徽合肥的长江路、六安路上，总能看到一个身材魁梧、满头灰发的中年人骑车行进在上下班的人流中，路上的交警都和他亲热地打招呼，他就是李宏塔。担任领导工作 20 多年，李宏塔骑坏了 4 辆自行车，穿坏了 5 件雨衣、7 双胶鞋。随着年龄增大，这几年他才将自行车换成了电动车，后来因为上班路途太远，开始坐汽车。他笑称自己会在能力范围内尽量节俭，"但也没必要为此作秀，真实就好"。1987 年，李宏塔调任安徽省民政厅副厅长，曾先后 4 次主持分房工作，却从未给自已要过一套房子，在担任厅局级干部期间，一直住在一套60平方米的旧房里。按照省里的有关规定，李宏塔应分一套新房。1987年至1992年三次分房他都榜上有名，但他考虑到厅里人多房少，都主动让给了其他同志。1998年是最后一次实物分房，已担任厅长的李宏塔也有过思想斗争，但他想到许多年轻科长住房条件较差、需要改善，他不顾妻子的埋怨，放弃了最后一次机会。厅里许多同志为他"打抱不平"，后来，省里给他补了一个20平方米的小套间，他正在读研的儿子才有了一个自己的空间。

在李葆华小儿子李青的成长历程中，有两件事情让他一直铭记在心。1994年，李葆华到杭州开会，当时的浙江省委书记李泽民到驻地看他，刚好李青也在。"李泽民告诉父亲我表现很好，可父亲马上对李书记说'你们要严格要求'""还有1995年秋，我在中央党校培训学习，周末都要回家看望父亲，一般都骑自行车，下雨下雪就是坐公交车。从青龙桥到三里河，骑车要一个多小时，当时我已经50多岁了，但父亲并没有因此而照顾，不让他的司机接送我。我感到，这是父亲对我们子女的大爱，真诚的、严格的爱。"①

李宏塔在一篇文章中写道："李家的良好家风，让我们能够心平气静地固守清贫，我们是心甘情愿的，没有任何装潢门面。'革命传统代代传，坚持宗旨为人民。'我经常用这副对联自勉，并以此教育子女，决心把李大钊的良好家风继续传承下去，踏着先辈们的脚印继续往前走。"②

① 铁雷：《李大钊：建党元勋功比天高　清廉家风延续百年》，《协商论坛》，2012年第4期，第51页。
② 李宏塔：《李大钊清廉家风代代传》，《党建》，2018年第7期，第43页。

除亲子关系外，亲属关系也是一种社会化的特定亲缘关系，同样属于马克思主义家庭观研究的重要内容。私则民心离散，公则民心所向。领导干部应做到公权的合理合法使用，在与亲属相处过程中要树立正确的亲情观，自觉抵制庸俗化、功利化的人际关系，力戒享乐思想和特权思想，做到公私分明，不留半点模糊空间与灰色地带，不为私心所累，不为利益所惑，不为亲情所困。落实落细治家之道，不断涵养清正廉洁的优良家风。

总之，以马克思主义家庭观为指导，倡导领导干部要始终把家风建设摆在重要位置，将家风建设作为必修课，坚持以规立家、以身作则、从严治家，并不断强化自身道德自律，是实现领导干部廉洁从政、勤政为民的有效途径。创建和谐家庭是构建社会主义和谐社会的首要条件。马克思主义家庭观指明了构建和谐家庭的目标和方向，体现出追求家庭和谐的价值诉求，其基本观点对当代家庭伦理教育体系，特别是道德教育体系的建设具有理论指导意义。以马克思主义家庭观为指导，推进新时代领导干部家风建设，对于推动形成清正廉明的党风和社会主义家庭文明新风具有重要的现实意义。

二、中华传统家风文化的积淀

习近平总书记曾深情阐述："中华民族自古以来就重视家庭、重视亲情。家和万事兴、天伦之乐、尊老爱幼、贤妻良母、相夫教子、勤俭持家等，都体现了中国人的这种观念。'慈母手中线，游子身上衣。临行密密缝，意恐迟迟归。谁言寸草心，报得三春晖。'唐代诗人孟郊的这首《游子吟》，生动表达了中国人深厚的家庭情结。"①

习近平总书记强调家庭传统美德，旨在告诫领导干部，亲情是家风传承的重要基础。自古以来，家风有好有坏。包括广大领导干部家庭在内的所有家庭，不仅要学习先辈先贤的优良家风，把中华民族的传统美德薪火相传，还要自觉抵制歪风邪气，不断提升党性修养和道德境界，追求高尚情操。

（一）注重家风是中华民族的优良传统

1. 中华传统美德的内涵

中华传统美德源远流长，其倡导的孝敬、进德、诚信、勤俭、求知等美德，主要都源自中国历史的家风家教家训之中。家风家教家训是历代传承发展下来的一种优秀的文化遗产，有着深厚的历史渊源和坚实的社会根基。历朝历代上至皇族权贵、下至黎民百姓都有着自己的家风家教，其归纳起来主要有五个方面：

一是讲孝敬。所谓"百善孝为先，孝乃德之本"。一个人只有懂得了孝敬，才会懂得仁爱，懂得感恩，才会对不孝敬父母、不尊重长辈的人产生反感甚至愤愤不平，由此心生正义之感。但孝敬需把握分寸，如果一味地强调孝顺，反而有可能导致领导干部受到父母长辈的私利影响，不利于其坚守原则、坚定党性。

二是讲道德。诚如曾国藩所言，"吾辈读书，只有两事：一者进德之事，一者修业之事"，读书的第一要义首先是增进自己的道德修养，其次作为谋生、谋事的手段。人生在世，首先是

---

① 习近平：《在 2015 年春节团拜会上的讲话》，《人民日报》，2015 年 2 月 18 日。

要做人，其次才是做事。事业做得再好，官运再亨通，如果不懂得做一个正直、富有正义感和仁爱之心的人，就有可能堕落腐化，做出对不起党、对不起人民、对不起自己的事情，从云端堕入深谷，辜负国家、社会、人民群众、亲友对自己的培养、厚望和期盼。

三是讲诚信。强调"诚实守信"是做人做事的道德底线，是人们之间相互信任、整个社会赖以良性运作的基本准则。只有守好"诚实守信"的底线，人们生活才会更幸福，整个社会才会更美好。

四是讲勤俭。艰苦奋斗、勤俭持家一直是我们共产党人所强调和坚持的原则。而今的幸福生活是建立在无数革命志士抛头颅、洒热血的艰苦斗争的基础上的。我们不能过上好日子就忘了苦日子，要忆苦思甜，牢记伟大革命的艰辛历程。领导干部要永远不忘勤和俭，远离奢侈和浪费，这样才能为广大人民群众起到带头和表率作用。

五是讲求知。所谓"技多不压身"，学习掌握先进的知识和技术，方能安身立命，方可自强自立。尤其是在现代社会，科技是推动社会进步、实现祖国繁荣昌盛和中华民族伟大复兴的第一生产力，广大领导干部不仅要掌握、提升行政治理能力，更要学习、了解自己所负责的领域的专业知识，才可能实现管理有道、治理有方。

良好的家风作为规范一个家庭道德行为的基本准则，不仅可以调整和维系家庭成员之间的情感关系和利益关系，更可以体现社会美德。家风的形成主要依托家教，也就是通过家庭里长辈们的言传身教，对晚辈们产生潜移默化的教化作用，从而将道德规范、为人处世的基本原则一代代传承下去，使家庭成员的言语行为合乎道德要求。由此可见，家教是一个社会最基础、最直接、最有效的教育方式。中国传统社会高度重视家风家教，"孟母三迁""岳母刺字""画荻教子"的故事广为流传，《颜氏家训》《朱子家训》《温公家训》《袁氏世范》《裴氏家训》等家训中大量反映了中华民族所推崇的"仁义礼智信"等儒家思想。家风家教中能够充分地体现出中华民族的精神基因，选其精华，剔其糟粕，值得现代社会代代传承和发展。

闻喜裴氏家族是中国古代盛名久著的一大世家。裴氏家族自秦汉以来，历六朝而盛，至隋唐而盛极，五代以后，余芳犹存。两千年间，裴氏家族冠裳不绝，德业隆盛，形成了独特的家族文化现象。究其根源，裴氏传承千年的家风和家规无疑是其彪炳史册的内在精神力量，《家训》十二条、《家戒》十条则是一脉相承优秀家风的集中体现。"训、戒"相互依存，引导族人"应该做什么""不能做什么"，成为他们坚守精神家园的不二规矩。其所强调的"孝顺父母""友爱兄弟""协和宗族""敦睦邻里""居家勤俭""读书明德"等，核心就是要求家族子弟崇德尚德，以孝友立身，以勤俭持家，以忠义为本，以才学自立，以仁爱待人，做到廉洁奉公、忠心效国。这是裴氏子弟从裴潜俭素、裴侠廉洁，到裴宽孝友、裴度忠于国事躬行践履的结晶，反映了"修身、齐家、治国、平天下"的信念坚守和价值追求。裴氏的《家训》《家戒》，千百年来谆谆教化后人，激励子弟成才，倡导干事立业，成就了"将相接武、公侯一门"的名门望族，其延绵千年的尚德、孝友、勤俭、才学、仁爱、廉洁、忠心效国，对今天良好社会文化的培育具有重要的现实意义，定将鞭策和教育一代又一代后人，修身立德，勤勉行道，明廉知耻，成有用之才，做有用之人。

中国传统家风家教的理念并不局限于单个个体人格的养成，其根本目的在于养成高尚的品性以治国平天下。《礼记·大学》云："古之欲明明德于天下者，先治其国；欲治其国者，先齐其家；欲齐其家者，先修其身；欲修其身者，先正其心；欲正其心者，先诚其意；欲诚其意者，先致其知，致知在格物。物格而后知至，知至而后意诚，意诚而后心正，心正而后身修，身修而后家齐，家齐而后国治，国治而后天下平。"这不仅充分体现了中国儒家积极入世的理念，更将"格物、致知、正心、诚意、修身、齐家、治国、平天下"的关系表述得清晰明确。修身齐家是治国平天下的前提，而格物致知、诚意正心则是修身齐家的起点。这一关系体现的就是儒学核心内涵——"内圣外王"。以修身为界，儒家思想核心分为"内圣"与"外王"，是历代知识分子孜孜以求的最高境界。

修身主要是指内求，尤其是自我道德素养的养成，格物致知、正心诚意是"内圣"的基本要求和途径。"勿以恶小而为之，勿以善小而不为"。格外重视"慎独"，在独处时也能如同处于众目睽睽之下一样怀有敬畏之心，谨慎遵守道德准则。齐家治国平天下是道德修养中的"外王"阶段，从齐家治国到平天下是外在事功不断扩大的过程。

在中国传统社会结构中，家国具有同质同构的特点，家是国的缩小，国是家的放大。因此家国的关系极为密切，家之不齐，国必将不治，因此在儒家看来，德备于家，则家事洽和；德大行于国，则国事昌平；若诸国太平，也就真正实现了天下大同，个体也最终完成了对自己的道德教育。《大学》强调修身、齐家对治国的重要性，目的是要引起人们对修身、齐家的重视，以便更好地做到政治伦理化与伦理政治化的结合与统一，从而达到国家和政权的巩固和统一。这对调试人们的心态，塑造道德人格，稳定社会关系，保持思想上的连贯性，具有重要的价值意义，也确实产生了广泛的社会影响。

可见，中国传统社会的家风家教家训与中国传统儒家思想文化同气连枝，与传统的政治文化更是休戚与共。许多家风家教中对个人美德的赞誉，经过历朝历代统治者的大力倡导，通过制度化、规范化的改进、完善和传承，逐步演变为中国古代传统政治社会中所广为遵循的政治文化理念。它们潜移默化地内化于人们的集体意识和印记中，由此，成为人们普遍追求和根本遵循的内在动力，构成中国独具特色的政治文化教育资源。

中国传统社会提出的修身、齐家与治国、平天下之间的紧密关系，在当今时代也有充分的体现。不能做到齐家，就不可能很好地治理社会和国家；要想齐家，就必须修身，养成良好的品性，严于律己，才能为家庭成员起到表率作用。

广大领导干部，首先要正家风、严家教，才能防止"枕边风"甚至是歪风邪气将自己带入堕落腐化的万劫不复之境。尤其要防范、杜绝配偶、子女打着自己的旗号为非作歹、非法牟利，要保证"后院"不起火。领导干部严正家风，是防范家属亲友把领导干部"拉下水"的防洪堤，也是领导干部做到清正严明的防火墙，更是领导干部廉洁从政的激励和保障。

2. 中华民族自古以来就重视敬贤爱贤美德

家风既是一个家庭的精神内核，也是一个社会的价值缩影。纵观我国五千多年的文明历史，可以发现，不管社会如何发展，朝代如何更迭，家教家风中的爱国、尽职、勤劳、节俭、正直、奉献、孝道、友爱、诚实、和谐、艰苦奋斗、自强不息等内容都不间断地传承了下来，而敬贤爱贤的传统美德更是盛传不衰。

几乎每个人的血液中都流淌着敬贤爱贤的优秀传统文化基因，这既显示了中华民族传统美德的巨大张力，同时也体现了绝大多数家庭希望自己的后辈成为贤能之人的终极愿望。

（1）向先贤看齐，让先贤风范在自己身上闪光。孔子说："见贤思齐焉，见不贤而内自省也。"意思是，看到有德行、有才干的人就要向他学习；看到没有德行的人，要从内心反省自己有没有跟他相似的问题。假如每个领导干部都能严格要求自己，做到见贤思齐，那么在社会上就更有可能形成良好的社会风气，在家庭中也会形成良好的家风。

唐太宗李世民说："以铜为镜，可以正衣冠；以古为镜，可以知兴替；以人为镜，可以明得失。"今天，我们不妨说：以贤者为镜，可以近贤人；以楷模为镜，可以近楷模；以名人家训为镜，可以铸优良家风。领导干部本身就是一面镜子，在社会上，是广大人民群众的镜子；在家庭中，是全家人的镜子。领导干部家风建设得怎么样，从向什么样的人看齐就能够大致得出相对准确的答案。

李世民堪称以先贤为镜的代表人物。他在文治上效法尧舜，在武功上志超秦皇汉武。《贞观政要》记载了他这样一件事：贞观二年（628），京城长安遭遇了罕见的大旱，蝗虫四起，损害农作物。唐太宗进入园子查看农作物的损失情况，看到有蝗虫在禾苗上面吞食，亲手捉了几只诅咒道："百姓把粮食当作身家性命，而你吃了它，这对百姓有害。你如果真的有灵的话，你就吃我的心吧，不要再害百姓了。"说完，他便要将蝗虫吞食。周围的人忙劝道："蝗虫有毒，吃了恐怕要生病的！不能吃啊！"李世民说道："我真希望它把给百姓的灾难移给我一个人！为什么要逃避疾病呢？"说完，就把蝗虫吞了。李世民以尧舜之心为老百姓着想，勤政爱民，这无疑是当今领导干部的一面镜子。

在中国五千多年的历史长河中，明君贤士比比皆是，能将贤能德行代代传承下去的也为数不少。这种家风的持久传承已然成为我们现代干部的榜样。领导干部是党的事业的骨干，是人民的公仆，更应起模范带头作用。要以先贤为镜，向古今贤德之人看齐，把自己培养成为贤德之人，为铸造贤德家风打下坚实基础。

（2）向楷模看齐，让楷模事迹在自己身上重现。被后世景仰的范仲淹在《严先生祠堂记》中写道："云山苍苍，江水泱泱，先生之风，山高水长。"可以看出，严先生的风范便是范仲淹一生所追求的境界与学习的品质。这里的严先生是指严光，东汉会稽余姚（今浙江余姚）人。严光年轻时是刘秀的同学。刘秀做了皇帝之后，并没有忘记老同学，召严光到京都洛阳，授以谏议大夫之职。严光并没有接受，而是隐姓埋名，到浙江富春山钓耕隐居。范仲淹当年贬居严州，任太守，深感严先生的高洁操守，便为他重筑祠堂祭祀，以垂教于后世。

范仲淹以严光为楷模，并不是赞赏他避官隐居，而是弘扬他无功不受禄的品德。轻轻松松得来的一官半职，受之有愧。范仲淹在《告诸子及弟侄》中说："青春何苦多病，岂不以摄生为意耶？门才起立，宗族未受赐，有文学称，亦未为国家所用，岂肯循常人之情，轻其身泪其志哉！"

范仲淹正是以严光这种既要为官便必须堂堂正正，为国家做实事，否则宁可不做官的精神为榜样，在为官期间，始终做到刚直不阿，敢于坚持真理，犯颜直谏。

北宋明道二年（1033年），京东和江淮一带遭遇大旱，蝗灾肆虐。范仲淹奏请仁宗派人前去救灾，但仁宗没同意。他便以换位思考之法劝问仁宗："如果宫廷之中半日停食，陛下该当如何？"这一问，果然使仁宗醒悟，立即派范仲淹前去赈灾。范仲淹完成赈灾任务回京时，还带回几把灾民充饥的野草，送给了仁宗和后苑宫眷，其进谏意义不言而喻。

范仲淹虽然几度被贬，但他丝毫没有考虑一己私利。他以严光为楷模，做到为国家、百姓着想，不惜牺牲个人利益。他的这种品质，与范氏家族的家风密不可分，值得当今的领导干部学习效仿。

范氏后人将范仲淹"先忧后乐"的家国情怀和"谦恭自律"的仁人志士节操融入族人的日常规范中，并由此制定了《范氏家规》十三条、《新定族规》十条和《范氏传统家风》八条。范氏家规家风特色有四：一是厚人伦，崇尚孝顺父母、兄弟恭让、勤劳俭朴的持家原则；二是明奖惩，凡对家族有贡献者均以奖励，反之则进行处罚；三是讲公正，对佃户的管理均公正无私，不乱克扣，严禁中饱私囊；四是惠四邻，对于困难的族人、乡亲均应"筹款尽善"。

（3）向传统美德与优良家风看齐。优良家风，既是社会一道亮丽的风景，也是培育优秀人才的土壤。优良家风，离不开传统美德的滋养。古往今来，很多人都希望自己的家庭、家族成为名门望族。但能否真正成为名门望族，起关键作用的并不一定是家族中出了什么样的大官，而是家族成员的言行是否成为中华民族传统美德的代言，其家风是否值得其他家庭、家族学习和效仿。

《了凡四训》被世人视为较有影响力的名人家训。一训为"立命之学"，二训为"改过之法"，三训为"积善之方"，四训为"谦德之效"。这"四训"不仅可以供今人尤其是领导干部学习，而且其作者为官做人甚有贤名，也值得领导干部学习借鉴。

《了凡四训》的作者袁了凡于明穆宗隆庆四年（1570 年）考中举人，明神宗万历十四年（1586 年）考中进士，后被朝廷任命为河北宝坻县（今天津宝坻区）县令。

水灾泛滥是当时宝坻县的一大公害。袁了凡在任职期间，致力于兴办水利，将三汊河疏通，筑堤防以抵挡水患侵袭。为了减少水患，他指导百姓沿着河岸种植柳树，每当河水泛滥，挟带沙土冲上岸时，柳树就能起到抵挡，久而久之形成一道堤防。他还鼓励百姓在堤防上建造沟渠，耕种庄稼，使荒废的土地得以开垦，变废为宝。从此，百姓安居乐业。袁了凡被誉为宝坻自金代建县 800 多年来最受人称道的好县令。

袁了凡官职虽小，但这种一心为民排忧解难、谋最大福祉的工作作风，不仅受到当时百姓的推崇与敬仰，而且对现在的领导干部同样具有极强的指导意义。戏剧《七品芝麻官》中有一句台词："当官不为民做主，不如回家卖红薯。"领导干部在工作作风方面，当向袁了凡靠拢，学习他勤政爱民的务实精神和扎实作风。

袁了凡一心为民的工作作风源于其优良的家风。他的父亲袁仁对儒学具有很高的造诣，博学而又善于教育，对袁了凡早年的影响极大。父亲教导的重点在修身："士之品有三，志于道德者为上，志于功名者次之，志于富贵者为下。"这种家庭教育为袁了凡思想的形成播下了最初的种子。袁了凡选择了"上品"。其曾祖父袁颢在《袁氏家训》中，提倡救世助人、积德行善、谦虚修身等训诫，对袁了凡同样有着不可低估的良好影响。

袁家祖上原本是世族，但到袁了凡这一代已经败落。加上他非常喜欢布施，遇见穷困之人就资助银两，所以个人生活过得很俭朴。他的夫人虽然没读过书，却也深受良好家风的影响，非常贤惠，经常帮助他行善布施。有一次，她为给儿子裁制冬天穿的大袍子去买棉絮。袁了凡知道后告诉她家里有丝绵，用不着去买棉絮。他夫人说："丝绵较贵，棉絮便宜，我想将家里的丝绵拿去换棉絮，这样可以多裁几件棉袄，赠送给穷苦的人家！"袁了凡听了之后非常高兴，盛赞夫人贤德。①

袁了凡一生清廉为官，其道德造诣堪称上乘。他对自己一生的经历深有感触，曾写下四篇短文，名为《命自我立》，用来训诫子女，这就是后来备受人们推崇的《了凡四训》。其中，他在"改过之法"中强调了修身立德、见贤思齐的主张："至诚合天，福之将至，观其善而必先知之矣。祸之将至，观其不善而必先知之矣。今欲获福而远祸，未论行善，先须改过。但改过者，要发耻心。思古之圣贤，与我同为丈夫，彼何以百世可师？我何以一身瓦裂？耽染尘情，私行不义，谓人不知，傲然无愧，将日沦于禽兽而不自知矣；世之可羞可耻者，莫大乎此。"

家风是一种历史积淀，是一个家庭精神和智慧的长期积累和凝聚，具有很强的历史传承性。优良家风，就像贤德之人一样，具有示范效应。领导干部当以树优良家风为己任，孜孜以求，严于律己，使自己的家风今后也能成为他人的楷模。

（二）积极传播中华民族传统美德

传统美德与优良家风互为映衬、互相补充、互相借鉴。传统美德可以通过优良家风表现出来，优良家风也可以使传统美德上升到另一个高度。培养和传播优良家风首先要积极传播中

---

① 许罡：《家风建设是党员干部的必修课》，东方出版社 2017 年版，第39 页。

华民族传统美德。习近平总书记在 2016 年 12 月 12 日会见第一届全国文明家庭代表时指出："要积极传播中华民族传统美德，传递尊老爱幼、男女平等、夫妻和睦、勤俭持家、邻里团结的观念，倡导忠诚、责任、亲情、学习、公益的理念，推动人们在为家庭谋幸福、为他人送温暖、为社会做贡献的过程中提高精神境界、培育文明风尚。"①反过来讲，要想积极传播中华民族美德，培养和传承优良家风便是重要且有效的途径之一。

1. 用优良的家风传导传统美德

父母是子女的第一任老师，父母的教育方式在子女成长过程中起着关键作用。可以说，家风的好坏决定着子女品行的优劣。在良好家风环境下成长起来的个体，在社会上的表现基本上让人满意。在不良家风环境下成长起来的个体，在社会上的表现往往不尽如人意。

家风，不仅是一面镜子，更是一个家庭最受人关注、也最能体现家庭素养的"门面"。领导干部的家风更是如此。每个领导干部都要爱岗敬业，对党、对人民负责。

现实中有极少数领导干部，为了一己之私，在丢弃官德的同时，也丧失了家风，败坏了门风。近年来，领导干部及其家属腐败类案件多发，有些是窝案、串案，涉及面广，影响恶劣。

为什么同一个家庭或家族，会出现腐败贪官一查一大窝、一抓一大串的情形？源头在于家族里那个位高权重的"核心"。一些家庭一旦有人当官掌权，整个家族立刻就会围绕这个"核心"去转，权力一旦被亲情"绑架"，原则就会逐渐让步。"核心"动摇，家风不正，最终导致上梁不正下梁歪。

---

① 习近平：《在会见第一届全国文明家庭代表时的讲话》，《人民日报》，2016年 12 月 16 日。

某市市委原书记何某某，就是"前门当官、后门开店"的代表人物。"亲爱的弟弟，最后在这里向你下跪、向你忏悔，你受苦了。我从来也没有害过任何人，却偏偏害了你，我自己的亲弟弟，若上苍给我机会，我会不遗余力地帮助你、报答你、呵护你……"这是何某某的哥哥写给弟弟的一段话。在何某某担任市委书记期间，其兄利用弟弟的职务影响力，肆无忌惮地插手政府投资的工程建设项目，从中牟取巨额利益。而何某某，不仅对哥哥插手工程视而不见，自己也从中收受贿赂。变味的"亲情"，就像白蚁慢慢地啃噬着何某某的纪律防线和最后的良知。对哥哥的纵容，最终让何某某品尝到了亲情苦涩的一面。他因存在纵容亲属插手工程、收受贿赂、生活作风腐化堕落等严重违纪问题，被开除党籍、开除公职，判处有期徒刑 11 年。

不少案件表明，"一人做官，全家沾光"的思想在一些干部脑海中根深蒂固，直到最后进了铁窗方知悔悟。还有的领导干部肆意支配手中的权力，直接为家人亲属"加官晋爵"。这种"让权力牢牢攥在'自己人'手中"的不正家风，最终会落得废职毁家的可悲下场。

越来越多的家庭式和家族式贪腐窝案启示我们，除了加强对官员的监督、对贪腐的预防，以及从制度建设上筑牢篱笆墙之外，还要在家风传承等道德建设上继续发力，让优良家风滋润家庭和家族中的每一个人，进而达到净化社会环境的目的。

蕴含丰富传统美德的优良家风，需要长时间、不间断地精心呵护与坚守。在领导干部的言行备受关注的环境下，家风体现在工作作风与日常生活中。不管遇到什么样的状况，领导干部不能只图一时痛快，为维护个人所谓的"尊严权利"而大放厥词或是大打出手，而应该坚守一以贯之的风清气正的优良家风，做到持之以恒。

自古以来，瑕不掩瑜。与此相对应的是，瑜不藏垢。家风门规也是如此。一点点瑕疵掩盖不住优良家风的光彩。因为，好家风通常不会出现藏匿不肖子孙的不良行为，优良的家风能够守护住一个家庭的良知。

包拯以公正廉明著称，刚直不阿，执法如山。古典名著《三侠五义》中有一个"铡包勉"的情节，讲的是包拯大义灭亲，处死贪赃枉法的侄子包勉的故事。这里不仅描述了包公铁面无私、维护纲常法纪的清官形象，而且也体现出包拯坚决维护优良家风的本色，他不会因为子侄辈犯法而置家风家教于不顾。

古代士子最看重的就是名节，有时甚至视名节为生命，尤其像包拯这样的官员，家族中出现了违法犯罪的人，受众人指责的程度丝毫不亚于自己犯罪。丧失良好的家风，就是丧失良知的前兆。良好的家风家教不是一朝一夕形成的，虽然大部分家庭的家风家教没有形成文字，但是一旦有所"损毁"或掺入了不合时宜的东西，就像法律失去威严一样，会丧失它存的原本意义。领导干部，既是社会正义的守护者，也是优良家风和传统美德的创建者、遵守者、传承者，千万不要因为子孙的个人私事而丧失良好的家风，遗忘了对传统美德的坚守。

作为领导干部，既有维护法纪纲常之责，更有坚守优良家风、向社会传播传统美德之义务。不管出现什么样的状况，都应像包拯一样坚决维护法律威严、坚守优良家风，守住良知和本色。

2. 把传统美德当作座右铭

中华传统美德中蕴含着中国人民最根本的精神特征，也是中华民族屹立于世界民族之林独有的精神基因。传统美德与优良家风是无形的、潜移默化的，在家风传承的历史中，处处能体现中华优秀传统文化的基本品格。在新时代领导干部家风建设中，也应把传统美德当成座右铭，对在当代仍有启迪意义的内容加以弘扬。

宋代著名学者袁采自小受儒家思想影响，才德并佳，时人称赞他"德足而行成，学博而文富"。1163年中进士后，他任职登闻鼓院，掌管军民上书鸣冤等事宜，即负责受理民间人士的上诉、举告、请愿、自荐、议论军国大事等方面，以及给朝廷进谏的相关事宜。他始终以儒家之道理政行事，很重视教化一方。在温州乐清县任县令时，袁采感慨当年子思在百姓中宣传中庸之道的做法，便撰写了《袁氏世范》用来践行伦理教育，美化风俗习惯。《袁氏世范》中有许多十分精彩的句子，如"小人当敬远""厚于责己而薄责人……""小人为恶不必谏""家成于忧惧破于怠忽""党人不善知自警"等。这些内容，值得我们学习借鉴。

领导干部要使优良的家风在家族中发挥作用，还要做更务实的工作，即首先要让家族成员明白家训的深刻含义，其次要让家族成员深受家训影响，牢记家训，并以身作则，以此为戒。如何才能达到这一目的呢？这就需要将良好的家规家训以某种名义的形式固定下来。

（三）知行合一才能将优良家风发扬光大

优良家风，不仅仅是家族成员的精神食粮，更是一个家族的精神支撑。因此，我们要将优良家风发扬光大，持之以恒地传承下去。

1. 知行合一方可凝聚优良家风

在优良家风建设中，领导干部既要"知"，也要"行"。知与行的合一，其实就是理论与实践相结合：知道什么是好家风，什么是不良家风；把优良家风作为目标，一步一步去践行。

我国著名教育家陶行知推崇知行关系，认为"行是知之始，知是行之成"，并因此将自己的原名陶文濬改为"陶行知"。他曾在《行是知之始》一文中举例说，"我们先从小孩子说起，他起初必定是烫了手才知道火是热的，冰了手才知道雪是冷的，吃过糖才知道糖是甜的，碰过石头才知道石头是硬的。太阳地里晒过几回，厨房里烧饭时去过几回，夏天的生活尝过几回，才知道抽象的热……"[①] 其所阐述的哲理形象又深刻。

"知行合一"，既是中国传统思想的精华，也是传承优良家风的重要途径及主要内容。家风传承上的"知行合一"就是将树立优良家风与践行优良家风二者结合起来，使良好家风充分体现在日常工作生活中，得到人们的普遍认可。

关于"知"，墨子提出三种"知"的途径：一是亲知，二是闻知，三是说知。"亲知"就是从"行"中得来的。然而，现实中有些领导干部对家风一知半解，只有书本理论知识，而缺乏实际经验。有的领导干部只注重"闻知"，几乎以"闻知"概括一切。比如，家庭成员对于某件事有不同看法时，就会说"某某家也是这么做的"。"亲知"往往被拒之于门外，"说知"也容易被忽略。

---

① 陶行知:《陶行知谈教育》，辽宁出版社 2015 年版，第 60 页。

在这里，"知"虽是第一位的。但是，绝不可忽略"行"的重要性。很多时候，我们会强调知行合一、行胜于言，但这些仅仅停留在话语上，没有化为切实的行动。领导干部首先要知道优良家风的定义与概念，从先人的言行中、从社会现实中、从自身的经历中找到那些值得传承和发扬的家风家教，化为学习、生活、工作中实际行动的指南，日积月累，亲身践行并传承，凝聚成良好的家风，把知与行完美地结合起来。

2. 将父辈们的高尚精神资产传承下去

在我们父辈身上，有许许多多优秀品质，比如勤劳、诚实、爱国、敬业等，这些体现在家庭中，是优良家风的一部分；体现在社会中，是社会风气的一部分；体现在历史长河中，是民族文化与中华文明的一部分。我们必须将父辈们的这些高尚的精神财富毫无遗漏地继承下来。家风的继承有两种：一种是继承糟粕，也就是我们常说的学到了父母的短处；另一种是继承精华，即高尚的、有益于我们成长的东西。在传承中，我们要取其精华，去其糟粕。

作为党和国家第一代主要领导人，毛泽东主席一生廉洁奉公、严于律己、不谋私利，是共产党人立党为公的典范。无论在战争年代，还是中华人民共和国成立后，毛泽东对子女的要求都非常严格，教育子女以勤俭为荣，以吃苦为乐，不能搞特殊化。在毛泽东言传身教下，其子女学习刻苦，工作勤奋，生活节俭。1946年，长子毛岸英从苏联学习回国后，毛泽东送给他几件补丁衣服，让他到农村学习，做劳动者。在毛泽东的教导下，毛岸英继承了父亲的优良作风和高尚品质。他严格要求自己，勤俭节约，艰苦朴素。1949年，毛岸英结婚，婚礼十分简单。毛泽东只请了几个人一起吃饭，给毛岸英的结婚礼物也只是件黑色大衣。朝鲜战争爆发后，毛泽东坚持送毛岸英到朝鲜战场，接受血与火的考验和锻炼。1950 年，毛岸英在朝鲜战场上牺牲。得知噩耗后，毛泽东忍受着巨大的悲痛，决定让毛岸英同千千万万志愿军烈士一起长眠在朝鲜的土地上。①

毛泽东不希望自己的儿女从小养尊处优，滋生特权和特殊化的思想。李敏和李讷上学时，毛泽东反复叮嘱不要搞特殊化，不准用公车接送，不准开小灶送食物。他要求子女到工厂、农村参加劳动和群众打成一片；要独立生活，做一个普通劳动者；要扎扎实实工作，堂堂正正做人。李敏曾在《我的童年与领袖父亲》一书中写道："父亲从来不把子女当作他的私有财产，也不主张我们都拢在他身边，靠着他这棵'大树'乘凉，更不允许我们以他的名义、权力去寻路子、谋私利。"

"谁叫你是毛泽东的儿子！"毛泽东多次对爱子毛岸英说过这句话，对爱女李讷也说过类似的话。由此可见，毛泽东对子女的要求一以贯之地上升到了党性的高度。毛泽东曾多次对卫士长李银桥的妻子韩桂馨说："不要以为毛泽东的孩子就特殊，从小开始就不能灌输这种思想。要教育我的孩子和老百姓的孩子一样。不能叫孩子打着我的招牌享受特殊待遇。"李讷上中学后，韩桂馨担心李讷的安全，便瞒着毛泽东派车去接。毛泽东知道后，便对韩桂馨说了以上这些话。韩桂馨争辩说："天太黑，一个女孩走夜路不安全……"毛泽东非常严肃地说："别人的孩子就不是孩子了？别人的孩子能自己回家，我的孩子为什么不行？"②

毛泽东对自己子女的要求，既蕴含了一个父亲对子女成长

---

① 李合敏:《毛泽东是怎样教育和要求子女的》,《党史纵览》, 2019 年第 1 期, 第 23 页。

② 周启先:《毛泽东廉政思想研究》, 武汉大学出版社 1995 年版, 第 94 页。

的关注，又体现出了他的人生观和价值观，所熔铸的家风理念更是为广大领导干部继承父辈高尚精神资产、弘扬优良家风、教育子女树立了榜样，立下了标杆。

3.将优良家风熔铸于社会主义核心价值观

我们所处的这个时代，优良家风跟社会主义核心价值观有着同样的价值追求，社会主义核心价值观跟古圣先贤传承下来的家风、家训中的优良品质是一致的。因此，领导干部在传承优良家风方面有许多例子值得借鉴。

在新时代，领导干部要牢固树立修身齐家、清清白白做人、兢兢业业为官的信念，将优良的家风熔铸于社会主义核心价值观，做到与时俱进，摒弃不合时宜的陈腐观念，传承弘扬优良风尚。在价值理念愈发多元化的当今社会，家风的传承，还要注入更多新的内容，使其进一步完善与升华。

三、红色家风的光辉典范

红色家风就是指在中国共产党领导的革命建设和改革实践中，由老一辈无产阶级革命家所构建，以先进性为引领、以中华传统家庭美德为底蕴、以革命家庭为载体而形成的，适应党和人民事业发展和家庭文明进步需要的精神风貌、道德素养和行为品格的总和。[①]

"广大家庭都要弘扬优良家风，以千千万万家庭的好家风支撑起全社会的好风气。特别是各级领导干部要带头抓好家风。领导干部的家风，不仅关系自己的家庭，而且关系党风政风。各级领导干部特别是高级干部要继承和弘扬中华优秀传统文化，

---

① 魏继昆:《继承和弘扬红色家风》,《光明日报》,2017 年 4 月 26 日。

继承和弘扬革命前辈的红色家风，向焦裕禄、谷文昌、杨善洲等同志学习，做家风建设的表率，把修身、齐家落到实处。各级领导干部要保持高尚道德情操和健康生活情趣，严格要求亲属子女，过好亲情关，教育他们树立遵纪守法、艰苦朴素、自食其力的良好观念，明白见利忘义、贪赃枉法都是不道德的事情，要为全社会做表率。"①

2016 年 12 月 12 日，习近平总书记在会见第一届全国文明家庭代表时的讲话中郑重地告诫领导干部，要重视家风建设，勇作优良家风建设的表率，勇当继承和弘扬革命前辈红色家风的先锋。老一辈革命家的谆谆家训、磊磊家风，教育之殷切，约束之严格，至今传为佳话。不论是"朱德的扁担"，还是"周总理打着补丁的睡衣"，都是红色家风的代表。新民主主义革命时期形成的井冈山精神、长征精神、延安精神等，新中国建设时期焦裕禄、孔繁森等用生命践行、传承党的优良作风，无不凸显领导干部优良家风的重要性，彰显出中国共产党在百年奋斗家谱、红色家书引领下，坚持真理、实事求是、艰苦奋斗、勇于担当、全心全意为人民服务的红色家风。

（一）一切向前走，都不能忘记走过的路

"党的百年奋斗从根本上改变了中国人民的前途命运。近代以后，中国人民深受三座大山压迫，被西方列强辱为'东亚病夫'。一百年来，党领导人民经过波澜壮阔的伟大斗争，中国人民彻底摆脱了被欺负、被压迫、被奴役的命运，成为国家、社会和自己命运的主人，人民民主不断发展，十四亿多人口实现

---

① 习近平：《在会见第一届全国文明家庭代表时的讲话》，《人民日报》，2016年 12 月 16 日。

全面小康，中国人民对美好生活的向往不断变为现实。今天，中国人民更加自信、自立、自强，极大增强了志气、骨气、底气，在历史进程中积累的强大能量充分爆发出来，焕发出前所未有的历史主动精神、历史创造精神，正在信心百倍书写着新时代中国发展的伟大历史。"[①]所有共产党人尤其是党员干部，不要忘记我党走过的艰难历程，要继承和弘扬优良的革命传统和革命前辈的红色家风。在新的时期，党员干部要勇作表率，将共产党人的红色基因融入自己的家风建设中。

1. 红色家风的基石是忠贞不渝的政治品格

共产党人要传承和弘扬红色家风，使之成为全社会的学习范本和主流风尚。红色家风的基石是严守纪律、忠贞不渝的政治品格。革命前辈对党的纪律自觉坚守，体现出超乎常人的党性修养。

领导干部是率先垂范的群体，越受人们尊敬，越要严于律己，做好人民的公仆。毛泽东、周恩来、朱德、邓小平等老一辈无产阶级革命家，他们对中国革命和建设事业所做的贡献有目共睹。这些伟人的良好家风与优良党风是一脉相承的。

中华人民共和国成立后，毛泽东曾立下"恋亲但不为亲徇私，念旧但不为旧谋利，济亲但不为亲撑腰"[②]的规矩。他始终坚持这三条原则，对待子女绝不允许搞特殊化。无论是对待毛岸英的婚姻问题，还是对李讷上学往返、住校、吃饭等问题，他总是将子女跟其他人的子女一样看待。

朱德的孙子朱和平，在谈到朱家家风时坦言，就是"忠诚、

---

① 《中共中央关于党的百年奋斗重大成就和历史经验的决议》，《人民日报》，2021 年 11 月 17 日。

② 王若素：《毛泽东反腐败思想研究》，海潮出版社 2000 年版，第 64 页。

厚道、勤奋、努力"这八个字。朱德家祖辈都是农民，到朱德这一代已经成了佃农，家境十分穷苦。尽管如此，朱德的母亲仍尽可能地省下一点粮食去救济比自家更穷的人家。在这样的家风熏陶下，刻苦勤奋的朱德30岁时就成为旧军队中的将军。但他抛弃了这一切，投身共产党。这样的理想信念与意志品格完全来自好家风。

良好家风与优良党风是一脉相承的。朱和平深感自己作为伟人的后代压力很大。他在接受媒体采访时表示："作为伟人的后代，百姓对你的要求就会很高。不管走到哪里，人们很自然就会将我和朱德联系在一起，从我的一言一行中看看有没有朱德元帅身上的影子。"这无形中督促朱家后代自觉秉承优良家风和优良党风，在各方面都要尽量做得好一些，不负广大人民群众对伟人后代的期待。

形成于特定的革命年代、产生在特殊的革命家庭、有着特定时代印记的红色家风，不仅为我们树立了光辉典范，也给我们留下了宝贵的精神财富。我们要努力学习老一辈革命家的崇高品德和精神风范。

2. 将共产党人的红色基因融入家风建设中

所有共产党人尤其是领导干部，不要忘记我党走过的艰难历程，要继承和弘扬优良的革命传统和革命前辈的红色家风。

在家风建设方面，老一辈革命家为我们做出了榜样。革命前辈严格的家规、纯正的家风，守住公与私的分隔线彰显着共产党人特有的精神风范，为我们树立了标杆和榜样。共产党人的优良家风，其实也体现了党的优良作风。革命前辈的优良家风是与党的理想信念紧密结合的。这也是值得当代领导干部学习的进行家风建设的重要内容。

党的理想信念指的是共产主义理想信念。共产主义理想，是人类历史上最崇高最伟大的理想。它不仅代表了无产阶级和最广大人民群众的根本利益，而且代表了全人类的长远利益和共同利益。坚定理想信念就是要坚定共产主义理想信念，高举中国特色社会主义伟大旗帜。

从表面上看，坚定党的理想信念和传承良好家风是两回事。其实，二者是一脉相承、紧密联系的。坚定理想信念是领导干部必须具备的基本素质。一个人从家庭走向学校，再从学校走进社会，其一言一行都是家庭教育最明显的标记。如果在家庭教育中丝毫没有共产主义理想信念，只有钱、权、好吃好喝这样的概念，这个人在日后走入社会中，自然会处处显露这些特点。如果在家庭教育中学习了党的光荣传统与优良作风——坚定理想、无私奉献，艰苦奋斗、居安思危等，日后做事也会以此为原则，自然会更加坚定共产主义理想信念。

因此，领导干部，既要自己坚定共产主义理想信念，又要将这一信念作为家风、家教的主要内容传承给下一代，让子女在实际工作中像父辈那样坚持不懈，克服困难，朝着实现中华民族伟大复兴的中国梦和社会主义现代化的远大目标前进。

（二）把爱家和爱国统一起来

红色家风是优秀共产党人为家人、社会和后世留下的弥足珍贵的精神财富，主要体现在坚定理想信念、铸造优良品德、坚持廉洁自律等方面的精神风貌、群体意识和政治品格。它已经成为中国共产党人精神和优良传统的重要组成部分。

1. 红色家风的内核是舍小家为大家

红色家风具有丰富博大的内涵，其内核是爱党爱国、坚定信仰、忠于理想、忠于职守、忠于人民的家国情怀。

中国共产党开展革命的时候，毛泽东带着两个弟弟变卖家产、投身革命；贺龙毁家纾难、满门忠烈；陈毅安告别娇妻、喋血疆场，这些史实无不彰显出优秀共产党人舍小家为大家的家国情怀和坚定的革命信念。

红色家风因事而成，因人而兴，但不因时、因势而变。红色家风体现的是一代代共产党人坚定的革命理想信念，永远值得我们继承和发扬。

对领导干部来说，传承红色家风的理念，就是忠于党、忠于人民、忠于事业，把全部精力和智慧都投入到党和人民的伟大事业中去。上要无愧于党和国家，下要对得起人民群众。领导干部要以身作则、率先垂范，这胜过任何言教和指令。领导干部的一言一行、一举一动，既是家人的榜样，也是同事和群众的榜样。继承和弘扬红色家风，让蕴含其中的爱党爱国、廉洁奉公、勤俭持家等红色元素融进每一个人的血脉中，使个人和家庭成为促进社会和谐、人人积极向上的发动机，形成知荣辱、讲正气、做奉献、促和谐的社会风尚，进而形成良好的政治生态，为全面从严治党凝聚强大力量。

2. 善于批评和自我批评

中国共产党的一大优良传统就是批评和自我批评。这也是我们党的政治优势。领导干部要想用好批评和自我批评这个武器，就要善于反思，时刻自省，要多对照党性和廉政要求思考过错，并将其改正过来，正派做人、踏实做事，一心为民、谨慎为官，当好人民公仆。

无论在职在任，还是离职卸任，领导干部不要总是谈论自己的功劳和贡献，而是要多反省，多反思，自己为什么入党？

当干部是为了什么？党性意识是否强？用权是否为民？是否做到了严格自律？是否严格要求自己的子女？只有时刻反思自己的所作所为，及时弥补自己的过失，才能让自己的做法在子女心中留下深刻的印象，使子孙后代不再犯同样的错误。

领导干部要积极以求真务实的态度查找问题，要勇于正视和解决问题，开展批评和自我批评。只有如此，才能更好地将共产党人的红色家风传承下去，才能更好地做好自身的家风建设工作，才能更好地起到榜样示范作用并使人民信服，才能更好地肩负起带领人民实现中华民族伟大复兴中国梦的历史重任。

（三）让红色家风世代相传

中国共产党元勋之一的习仲勋，曾严格要求子女"勤俭持家、低调做人"。2001 年 10 月 15 日，习近平在写给父亲的信中说："自我呱呱落地以来，已随父母相伴四十八年，对父母的认知也和对父母的感情一样，久而弥深。""父亲的节俭几近苛刻。家教的严格，也是众所周知的。我们从小就是在父亲的这种教育下，养成勤俭持家习惯的。这是一个堪称楷模的老布尔什维克和共产党人的家风。这样的好家风应世代相传。"①

1. 革命先辈缔造了红色家风

革命先辈在艰苦卓绝、战火纷飞的峥嵘岁月里，为中国人民打下了红色江山，又在新中国社会主义建设事业中立下了卓越功绩。他们在教育子女上也一贯从严治家，缔造了红色家风，

---

① 《习仲勋传》编委会编：《习仲勋传（下卷）》，中央文献出版社，2013 年版，第 642-643 页。

为我们树立起榜样。

中国人民解放军的缔造者之一朱德，是一位杰出的共产主义战士，为中华民族的独立解放、新中国的成立立下了汗马功劳。他光辉的一生，与他树立起来的红色家风不无关系。朱德的一生足以证明他是人民公仆的典范。全国抗日战争爆发后，他在给亲人的家书中说："我虽老已 52 岁，身体尚健，为国为民族求生存，决心抛弃一切，一心杀敌。""那些望升官发财之人决不宜来我处，如欲爱国牺牲一切能吃劳苦之人无妨多来。"远在四川老家的母亲 80 多岁，生活非常困苦，他不得不向自己的老同学写信求援。他在信中说："我数十年无一钱，即将来亦如是。我以好友关系，向你募两百元中币。"战功赫赫的八路军总司令清贫如此、清廉如此，让人肃然起敬！①

领导干部都应该以老一辈革命家用鲜血和意志树立起来的红色家风为典范，学习他们那种无私忘我的革命情操，学习他们在处理国和家的问题上孰重孰轻的高度自觉。

2. 红色家风代代相传，才能把红色江山世世代代传下去

在中国这片土地上，有很多共产党人留下的红色足迹：井冈山、延安、大别山区……这些地区都有着令人骄傲的红色印记。2016 年 4 月，习近平同志到位于大别山区的六安市金寨县调研时指出："一寸山河一寸血，一抔热土一抔魂。回想过去的烽火岁月，金寨人民以大无畏的牺牲精神，为中国革命事业建立了彪炳史册的功勋，我们要沿着革命前辈的足迹继续前行，把红色江山世世代代传下去。"②

---

① 习近平：《在纪念朱德同志诞辰 130 周年座谈会上的讲话》，《人民日报》，2016 年 11 月 30 日。

② 孙云飞：《将红色基因融入全面从严治党》，《人民日报》，2017 年 1 月 13 日。

红色江山的世代传承，首先要教育好子女后代，把红色家风代代传下去。真正的共产党员，其一言一行，必须体现共产党人的信仰与追求。无论在工作岗位上还是回到家里，都要把党和人民的利益放在首位。在公与私、国与家的关系问题上，不仅要从严要求自己，老老实实做人做事，而且还应严格要求家属不搞特殊化，不要打着自己的旗号谋取私利。单位配给自己的公用车，只能公用，子女一概不能用；自己的办公室，是为党和人民服务使用的，子女一概不能进入，真正从小事开始，以良好的家风净化党风。

领导干部的子女，作为领导干部家庭成员，一言一行都应该体现出"领导干部家庭"的政治觉悟和党性修养，其工作作风和生活作风要与领导干部家庭的政治觉悟和党性修养相协调。领导干部对待子女的问题看似是小节，实则关系重大，不仅关系子女的成长，而且事关领导干部的党风修养。因此，领导干部要以党性原则要求自己的子女，时刻忠诚于党和人民的事业，无论在什么岗位上，都要为人民群众着想，全心全意地为人民服务，将家风在党风中发扬光大。

3. 将红色家风发扬光大

司马迁说："常思奋不顾身，而殉国家之急。"顾炎武则说："天下兴亡，匹夫有责。"两人相差一千多年，但他们所表达的都是不为名、不为利，为社会分忧、为国家尽忠的崇高思想。领导干部在整个社会中起模范带头作用，革命战争时期如此，经济建设时期同样如此。现在，我们正在为实现中华民族伟大复兴的中国梦不懈奋斗，这既是全党、全国人民的共同事业，也是每个家庭的事业。领导干部要将这种理念灌输给每一个家庭成员，认识到中国梦对于任何一个家庭、任何一个人都是沉甸甸的担子，要倾全家之力投入到这项伟大事业中来，使优良的党风在每个家庭中生根，并形成与优良党风相一致的家风，从而达到二者相辅相成、和谐共荣。

第二章　家风建设是领导干部的必修课

家，不仅是一种情感牵挂，更是一个人安身立命、修身立德的精神起点。家风和家教在中华民族传统文化中占据重要地位，对每个个体的性格塑造，价值观、人生观和世界观的养成，道德观念、生活方式及处世习惯的形成都起到不可或缺的作用，进而影响某一区域的民风习俗。可以说，从古至今，家庭的氛围对个体的影响是潜移默化、深远持久的。

良好家风建设是领导干部廉洁自律规范的重要内容之一。2016 年通过的《关于新形势下党内政治生活的若干准则》中第十二条对"保持清正廉洁的政治本色"明确规定，"领导干部特别是高级干部必须注重家庭、家教、家风，教育管理好亲属和身边工作人员。严格执行领导干部个人有关事项报告制度，进一步规范领导干部配偶子女从业行为。禁止利用职权或影响力为家属亲友谋求特殊照顾，禁止领导干部家属亲友插手领导干部职权范围内的工作、插手人事安排。各级领导班子和领导干部对来自领导干部家属亲友的违规干预行为要坚决抵制，并将有关情况报告党组织。"作为领导干部，为官从政，首先必须要"正好家风、管好家人"。该项规范实际上对家风建设提出了明确的要求。因此，对于领导干部来说，建设良好的家风是严以修身、严以用权、严以律己的必修课，具有丰富的内涵。

一、深刻学习领会习近平总书记家风建设论述

（一）习近平总书记对于家风的论述

经营好家庭、涵养好家教、培育好家风是领导干部一生的必修课。领导干部该如何上好这节必修课，习近平总书记曾经多次在不同场合进行过论述。

1. 努力使家庭成为国家发展、民族进步、社会和谐的重要基点

家庭是社会的基本细胞，是人生的第一所学校。不论时代发生多大变化，不论生活格局发生多大变化，我们都要重视家庭建设，注重家庭、注重家教、注重家风，紧密结合培育和弘扬社会主义核心价值观，发扬光大中华民族传统家庭美德，促进家庭和睦，促进亲人相亲相爱，促进下一代健康成长，促进老年人老有所养，使千千万万个家庭成为国家发展、民族进步、社会和谐的重要基点。①

无论过去、现在还是将来，绝大多数人都生活在家庭之中。我们要重视家庭文明建设，努力使千千万万个家庭成为国家发展、民族进步，社会和谐的重要基点，成为人们梦想启航的地方。②

2. 中华民族历来重视家庭

"慈母手中线，游子身上衣。临行密密缝，意恐迟迟归。谁言寸草心，报得三春晖。"唐代诗人孟郊的这首《游子吟》，生

---

① 习近平：《在 2015 年春节团拜会上的讲话》，《人民日报》，2015 年 2 月 18 日。

② 习近平：《在会见第一届全国文明家庭代表时的讲话》，《人民日报》，2016 年 12 月 16 日。

动表达了中国人深厚的家庭情结。①

中华民族历来重视家庭，正所谓"天下之本在国，国之本在家"，家和万事兴。国家富强，民族复兴，最终要体现在千千万万个家庭都幸福美满上，体现在亿万人民生活不断改善上。千家万户都好，国家才能好，民族才能好。②

3. 家庭教育最重要的是品德教育

家庭是人生的第一个课堂，父母是孩子的第一任老师。孩子们从牙牙学语起就开始接受家教，有什么样的家教，就有什么样的人。家庭教育涉及很多方面，但最重要的是品德教育，是如何做人的教育。也就是古人说的"爱子，教之以义方""爱之不以道，适所以害之也"。③

广大家庭都要重言传、重身教，教知识、育品德，身体力行、耳濡目染，帮助孩子扣好人生的第一粒扣子，迈好人生的第一个台阶。要在家庭中培育和践行社会主义核心价值观，引导家庭成员特别是下一代热爱党、热爱祖国、热爱人民、热爱中华民族。要积极传播中华民族传统美德，传递尊老爱幼、男女平等、夫妻和睦、勤俭持家、邻里团结的观念，倡导忠诚、责任、亲情、学习、公益的理念，推动人们在为家庭谋幸福、为他人送温暖、为社会作贡献的过程中提高精神境界、培育文明风尚。④

---

① 习近平:《在 2015 年春节团拜会上的讲话》,《人民日报》, 2015 年 2 月 18 日。

② 习近平:《在 2018 年春节团拜会上的讲话》,《人民日报》, 2018 年 2 月 15 日。

③ 习近平:《在会见第一届全国文明家庭代表时的讲话》,《人民日报》, 2016 年 12 月 16 日。

④ 习近平:《在会见第一届全国文明家庭代表时的讲话》,《人民日报》, 2016 年 12 月 16 日。。

4. 以千千万万家庭的好家风支撑起全社会的好风气

家风是社会风气的重要组成部分。家庭不只是人们身体的住处，更是人们心灵的归宿。家风好，就能家道兴盛、和顺美满；家风差，难免殃及子孙、贻害社会，正所谓"积善之家，必有余庆；积不善之家，必有余殃"。①

广大家庭都要弘扬优良家风，以千千万万家庭的好家风支撑起全社会的好风气。特别是各级领导干部要带头抓好家风。《礼记·大学》中说："所谓治国必先齐其家者，其家不可教而能教人者，无之。"领导干部的家风，不仅关系自己的家庭，而且关系党风政风。各级领导干部特别是高级干部要继承和弘扬中华优秀传统文化，继承和弘扬革命前辈的红色家风，向焦裕禄、谷文昌、杨善洲等同志学习，做家风建设的表率，把修身、齐家落到实处。各级领导干部要保持高尚道德情操和健康生活情趣，严格要求亲属子女，过好亲情关，教育他们树立遵纪守法、艰苦朴素、自食其力的良好观念，明白见利忘义、贪赃枉法都是不道德的事情，要为全社会做表率。②

5. 把家风建设作为领导干部作风建设重要内容

风成于上，俗形于下。领导干部的生活作风和生活情趣，不仅关系着本人的品行和形象，更关系到党在群众中的威信和形象，对社会风气的形成、对大众生活情趣的培养，具有"上行下效"的示范功能。③

---

①　习近平:《在会见第一届全国文明家庭代表时的讲话》,《人民日报》, 2016年12月16日。

②　习近平:《在会见第一届全国文明家庭代表时的讲话》,《人民日报》, 2016年12月16日。

③　习近平:《之江新语》, 浙江人民出版社 2007 年版，第 261 页。

习近平总书记强调："我们着眼于以优良党风带动民风社风，发挥优秀党员、干部、道德模范的作用，把家风建设作为领导干部作风建设重要内容，弘扬真善美、抑制假恶丑，营造崇德向善、见贤思齐的社会氛围，推动社会风气明显好转。"①

在培养良好家风方面，老一辈革命家为我们作出了榜样。每一位领导干部都要把家风建设摆在重要位置，廉洁修身、廉洁齐家，在管好自己的同时，严格要求配偶、子女和身边工作人员。②

周恩来同志严格要求自己的亲属，给他们订立了"十条家规"，从没有利用自己的权力为自己或亲朋好友谋过半点私利。周恩来同志谆谆教导晚辈，要否定封建的亲属关系，要有自信力和自信心，要不靠关系自奋起，做人生之路的开拓者。他特别叮嘱晚辈，在任何场合都不要说出同他的关系，都不许扛总理亲属的牌子，不要炫耀自己、以谋私利。周恩来同志身后没有留下任何个人财产，连自己的骨灰也不让保留，撒进祖国的江海大地。"大贤秉高鉴，公烛无私光。"周恩来同志一生心底无私、天下为公的高尚人格，是中华民族传统美德和中国共产党人优秀品德的集中写照，永远为后世景仰。③

6. 增强全社会的家国情怀

在家尽孝、为国尽忠是中华民族的优良传统。没有国家繁荣发展，就没有家庭幸福美满。同样，没有千千万万家庭幸福美满，就没有国家繁荣发展。我们要在全社会大力弘扬家国情怀，培育和践行社会主义核心价值观，弘扬爱国主义、集体主

---

① 习近平:《在第十八届中央纪律检查委员会第六次全体会议上的讲话》,《人民日报》, 2016 年 5 月 3 日。

② 习近平:《习近平谈治国理政》第二卷, 外文出版社 2017 年版, 第 165 页。

③ 习近平:《在纪念周恩来同志诞辰 120 周年座谈会上的讲话》,《人民日报》, 2018 年 3 月 2 日。

义、社会主义精神，提倡爱家爱国相统一，让每个人、每个家庭都为中华民族大家庭作出贡献。[①]

情怀要深，保持家国情怀，心里装着国家和民族，在党和人民的伟大实践中关注时代、关注社会，汲取养分、丰富思想。[②]

（二）深刻领会讲话的精神实质

习近平总书记的上述重要论述，分别从国家、民族、经济、社会、文化的发展和推动、社风民风的改良和改善、领导干部工作作风建设的加强、反腐倡廉斗争工作的强化、广大党员和领导干部表率及带头作用的发挥等方面，提出了极富指导意义、现实针对性强和具体可操作的新观点、新思想、新要求、新办法，为新时代中国特色社会主义新形势下的广大党员和领导干部家风建设提供了明确指导和根本方法。

习近平总书记反复强调家风，既是为了承续传统、启迪当下，也是为了涤风励德、淳化风俗。良好家风的建设，不仅可以构建美满家园、和谐社会，传承发展中华民族优良传统，更可以构建从严治党、廉洁从政的社会氛围。清代张鉴在《浅近录·家法》中云："门内罕闻嬉笑怒骂，其家范可知；座右多书名语格言，其志趣可知。治家严，家乃和；居乡恕，乡乃睦。"家庭是每个人人生的"第一所学堂"，通过家庭教育，养成良好的家风，给人生打下良好品格和品性的坚实基础。良好家风寄

---

① 习近平：《在 2019 年春节团拜会上的讲话》，《人民日报》，2019 年 2 月 4 日。

② 《用新时代中国特色社会主义思想铸魂育人　贯彻党的教育方针落实立德树人根本任务》，《人民日报》，2019 年 3 月 19 日。

托了中华民族的优良传统，也沉淀了中华民族源远流长的文化底蕴，更肩负了每个时代所认可和推崇的社会核心价值。在建设中国特色社会主义的新时代，良好家风更是能够激励、鼓舞人们团结一致，奋发向上，为实现个体、社会、民族乃至整个国家的发展而努力奋斗。

家风是一面镜子，可以折射人品、反映人格，也是源泉活水，可以蓄养优良和正派的作风。"问渠那得清如许，为有源头活水来。"新时代和新形势要求我们更加突出家风建设的重要地位和关键作用，这是时代赋予我们的伟大使命，也是我们每个人理应肩负的神圣职责。优良的家风是广大党员和领导干部优良工作作风的前提和基石。唯有树立浩然淳厚的优良家风，领导干部方能行得端、立得正，才能形成良好的工作作风，为我党树立清正严明的光辉形象。家风与作风好似并蒂之莲，相依相存、相互辉映。广大领导干部掌握了重要的权力和社会资源，其一举一动都与广大人民群众的切身利益息息相关，一言一行都代表着党和国家行政机关在老百姓中的具体形象，在工作中应该摒弃个人、家庭私利，厘清家庭亲情，谨记国家权力是党和人民赋予的。因此，以家风助作风，以美好和睦的家风引领良好和谐的民风、社风，执政者才能远离贪腐堕落，树立清正廉洁的政治形象。

党的十八大以来，全面从严治党的一个突出特点是把家风建设作为广大党员和领导干部工作作风建设的重要内容。领导干部群体是整个社会组成的"关键少数"，其优良家风建设，对于全面从严治党、从严管党，优化、净化党内政治生态至关重要。反腐斗争的实践证明领导干部的优良家风，不仅与党内政治系统坚持党的政治路线和思想路线；坚持集体领导，反对个人专断；维护党的集中统一，严格遵守党的纪律；坚持党性，根绝派性；讲真话，言行一致等诸要素密切相关，而且还是引领党风政风、社风民风良性发展的风向标，更是广大人民群众以及外界观察、比较和评判执政党形象、民族形象，甚至国家形象的重要方面。因此，领导干部要认真学习、深刻领会并贯彻执行习近平总书记关于家风的一系列论述。

二、高度重视家风建设的重要性与必要性

一个社会良好社风民风的形成，建立在千千万万个体家庭的良好家风的强大基石上，广大党员和领导干部的良好家风也与执政党的良好党风政风密切相关。现实生活中，一些领导干部随波逐流、贪腐堕落，究其症结，与其家教不严、家风不正有很大的关系。在建设新时代中国特色社会主义的新形势下，大力加强、深入推进领导干部作风建设，切实加大反腐倡廉斗争力度，广大党员和领导干部必须深刻认识到家风与党风政风、社风民风彼此之间的相互作用和影响。

（一）家风不正，腐败频发

中央重拳铁腕加大反腐力度，"老虎苍蝇一起打"，腐败分子一掀一窝、一抓一串，出现不少窝案、串案，表现出集体腐败、系统腐败、塌方式腐败的特征。在腐败之路上许多贪腐官员不仅仅是个人贪腐，更经常表现为贪腐父子兵、受贿夫妻档，甚至全家族腐败的现象。这种现象的频发，尤其值得广大领导干部反省、深思，要深刻吸取家族式贪腐的教训，牢记共产党人的初心和使命，时刻怀有全心全意为人民谋福利的思想，高度警觉身边的贪腐之风。

"当官就是为了发财"，还有不少干部抱有这种思想，所以"一人当官、全家敛财""前门当官、后门开店"的家族式腐败现象屡见不鲜、屡禁不止。中央纪委监察委网站统计，从2015年2月13日至12月31日，该网站共发布34起部级及以上领导干部纪律处分通报，其中有21人的违纪涉及亲属，比例高达62%。①一半以上属于利用职务上的便利为亲属经营活动牟取利益，领导干部与其家人亲属共同腐败、群体腐败的现象触目惊心、发人深省。

领导干部忽视、不重视家风建设，会使自己的家庭奢靡之风、低俗作风盛行，自己及家人难免出现思想言行不端现象，进而产生贪污腐化、违法乱纪的现象，甚至堕入犯罪的深渊。家风不正不仅影响家人，也为那些别有用心的人提供了可以利用的机会。从大部分查处的贪腐案件来看，那些别有企图者恰恰利用了这些领导干部"父母之命难以违背""亲戚朋友之情不得不帮"的思想，从领导干部家庭成员或是亲朋好友中寻找突破口，进而通过他们去游说、说服这些领导干部。这些领导干部之所以在亲情面前败下阵来，固然与其党性不强、立场不坚定有重要的关系，但其不重视家风、忽视家教，导致家风不正、家教不严，对家人言听计从、有求必应也是其中的一个重要原因。

有些领导干部认为家风是家庭小圈子里的事情，是个人的私事，因此对家风建设"不以为然"。殊不知，有些领导干部的配偶子女依靠公权力大肆敛财，形成贪腐固定模式，令老百姓深恶痛绝。古代清廉官员注重家风家训家教，在现代社会，群

---

① 李景平：《以家风带党风促政风正民风》，《西安日报》，2016年5月16日。

众也往往从领导干部的家庭情况对党风和政风作出判断。

对于领导干部而言，磨好、磨快良好家风这块"磨刀石"，筑牢、筑实良好家教这面"防火墙"是非常重要的，要历练个人品性、坚定党性原则，防范、抵御贪腐行为。可以说，领导干部的必修课之一，就是把自己的家庭建设好、树立良好的家风，打好这场党风廉政建设和反腐败斗争中的硬仗。好家风对树立好党风、培育好政风、养成好作风起着重要作用。随着全面从严治党不断深入推进，领导干部务必要做好家风建设工作，为廉洁从政筑牢坚实基础。

"一人不廉，全家不圆"，培育清廉家风，既是对组织信任最好的回馈，也是对家庭圆满最大的保护。要形成清新的党风政风，就必须斩断"全家腐"甚至"家族式腐败"这条灰色利益链条。对领导干部家庭来说，良好的家风无疑是抵御腐败的重要防线，正家风是正作风、严律己的前提，家风正则行得端、坐得稳。

（二）领导干部要高度重视家风建设

良好家风的培育，不仅仅关乎广大领导干部的个人事业发展，更与党的事业发展、国家的全面建设息息相关。新形势下的领导干部要重视家风建设，是共产党人继承优秀传统、具有家国情怀的历史使命使然，更是体现了新时代、新形势下社会主义核心价值观和全面从严治党的要求。

第一，家风养成是家国情怀的逻辑起点。人的毕生追求和终极目的可谓以正心诚意、修身齐家为起点，以治国平天下为终点。在这一段人生旅途中实现个人抱负与远大理想、追求与家国情怀熔融合一值得我们传承和发展。构建良好家风、培育严格家教也是我们每个人的本分。

国与家紧密相连、不可分离。中华民族在历史发展中形成了一个共识，即身、家、国、天下的本质同构性。治家是治国的起点，国法用于治国，家规用于齐家。家规是中国古代以来治理家庭、教育子女、修炼自身、为人处世的重要方式和载体。在中国历史上，有许多著名的家规家训，如春秋末期鲁国《孔子家训》："不学诗，无以言；不学礼，无以立"；《诫子书》："非淡泊无以明志，非宁静无以致远"；《朱子家训》："一粥一饭，当思来处不易；半丝半缕，恒念物力维艰"；《诫皇属》："逆吾者是吾师，顺吾者是吾贼"；《训俭示康》："众人皆以奢靡为荣，吾心独以俭素为美"等，这些家训，虽然是一家之训，但因其中所蕴含的礼义、淡泊、宁静、积善、行德、谦逊、俭朴等美德，为大众所认可，而流传至今，成为中华民族血液的活性成分，影响千秋万代。往往是那些具有极强约束力家规、为家族制定了严谨系统的道德规范的家族，才能养成并传承优良家风，这不仅仅会对家族、家庭成员个体命运造成重大影响，还可以深刻地影响国家政治的走向和命运。

一个家族所遵循的价值理念、道德标准、行为准则集中表现为所立家规、家训和传承下来的家风。一个家族的家风影响的是个人的成长和命运，众多家族的优良家风则构成整个社会的价值观念和行为准则，进而成为中华民族优良传统文化的重要组成部分。所谓"各美其美，美人之美，美美与共，天下大同"，正是中华民族千百年各种优良家风、优秀文化的有机融合。

领导干部是执政骨干，是党和国家事业发展的中坚力量，也是广大群众的主心骨，更要有以天下为己任的"家国情怀"，以国为重、家为轻，以民为重、我为轻，常念民之冷暖，常思国之兴衰，常想党之安危。

共产党人应有"家国情怀"。广大党员和领导干部要廉洁持家，必须严抓家风、严管家教，使自己身边的亲友"干净做人"。树立良好家风的根本基础正是"家国情怀"，每一位家庭成员都懂得"国是家的根基""有国才有家""家是国的基本单元"的道理，才能将"家国情怀"扎根于心灵深处，才能知道个人家庭成长与国家民族命运发展的关系，才能自觉地修炼自身、培育优良家风、培育子女优良的品质。若每个家庭都能以家国情怀培育家风，整个社会必将走上和谐发展的道路；人与人之间互相信任、文明相处，人民才能过上幸福美满的生活，国家方能更加繁荣昌盛。

第二，家风传统是干事创业之基。领导干部的家风是其砥砺前行、为民为党为国干事创业的精神指南。领导干部如果自幼成长于一个奉行克勤克俭、崇俭抑奢的家庭环境，自然会在今后的工作岗位上厉行节约、反对奢靡浪费；自幼沐浴成长于谦虚谨慎、严以律己的家教氛围，也自然会养成心存敬畏、秉公办事的主动性和自觉性。

没有好的家风家教，既难以清白做人，也无法专心做事。家风淳正是干事创业源源不断的正能量，家风腐化则是为人处世难以承受的负资产。

因此，领导干部树立并坚持清正廉洁的优良家风，为民为党为国干事创业，才能减少甚至杜绝家人的不正当干扰；领导干部持有"清正严明"的道德理念和价值观念，家人才能端正思想观念，通过自身努力实现人生价值，而非借助父母长辈手握的职权达到个人目的。

第三，家风建设是作风涵养之要。"家是最小国，国是千万家"。每个个体都源自家庭，从家庭走向社会，随之而行的是其家风的影响，好的家风成为社会风气和道德水准整体提升的源泉和力量，而不端的家风则会败坏整个社会风气。所谓淳正的家风，可以泽被万物；而败坏的家风则尽招污秽。只有树立良好的家风，才能形成优良的作风，才能使领导干部以坚定的党性和原则抵御贪腐的诱惑。

优良的家风能够涵养领导干部的良好作风，领导干部是反映、体现优良党风的旗帜。担任社风之表率，弘扬严明淳厚的优良家风，可以引领党风政风向好、民风社风向善。树立好家风，领导干部要从"严以修身、严以用权、严以律己"入手，把搞好家庭建设作为落实"三严三实"专题教育的"检验场"，时刻以"心中有党、心中有民、心中有责、心中有戒"为标准，处理好公事与私事、个人小家与国家社会大家、领导干部与广大人民群众的关系，致力于引导、形成淳正的家风与优秀的工作作风的良性互动。

在新起点、新时代、新形势下坚持和发展中国特色社会主义，我们党面临的执政、改革开放、市场经济、外部环境考验复杂而严峻；尤其是当前乡村振兴任务依然艰巨，稍有精神懈怠、能力不足、脱离群众、消极腐败思想，上述矛盾就会更加尖锐。各级领导干部需要从坚定党性、加强理论素养等各个方面入手，以应对"四大考验"、克服"四种危险"。从领导干部个人角度而言，加强修身、齐家，培育良好的家风，在当前国际国内面临的新形势和复杂情况下，把家庭建设成坚不可摧的铜墙铁壁意义十分重大。新形势下，我们党始终要成为国家和人民的坚强领导核心，因此对广大党员和领导干部家风建设的高度重视和积极推进就显得十分重要，这也是广大党员和领导干部不断净化、完善自我，不断提升自己素养、执政能力的必经之路。

三、领导干部要成为优良家风的倡导者

"家风正，则民风淳、正风清""一家仁，一国兴仁，一家让，一国兴让"，这些道理广为人知，治国首要是齐家，家风淳正才能形成优良的民风、社风和国风。领导干部必须带头维护家风的清洁淳正，带头慎权、慎欲、慎微、慎独，以良好的家风和家教培育并筑牢广大党员和领导干部优良的工作作风，始终做到自律廉洁、清正严明、执政为民，坚决防止腐化堕落思想对广大党员和领导干部及其家庭的渗透和腐蚀。这既是领导干部的素质和素养，更是领导干部的责任和职责。只有这样，才能守好家庭的"廉洁门"、筑牢拒腐防变的第一道稳固防线，以良好的家风汇聚起好的国风。

领导干部要坚持高标准、严要求，自觉成为优良家风的倡导者，作培育良好家风的表率。

（一）领导干部要把家风建设作为必修课

领导干部的家风关系到一个执政党的生死存亡和国家的长治久安。"治国"的前提是"齐家"，领导者首先要把自己的家庭管好，树立、营造良好的家风，加强对家人的严格教育和管理，才能管理好一个地方、部门和单位。

培养良好家风需要从很多方面入手，不可能一步到位。广大党员和领导干部要坚持做好家风培育工作，严格家教，做到持之以恒。培养良好家风，最重要的是抓好子女们的家风家教

工作。儿童和青少年是家庭、社会、国家乃至整个中华民族的未来，是党和社会主义建设事业的继承人和接班人。如果领导干部没有管好自己的子女，让他们走上了歪路，出现更多的害群之马，将会极大地败坏领导干部在人民群众中的形象，进而破坏党在人民群众中的形象，使人民群众对党的执政能力失去信任。领导干部应通过日常教育、言传身教、树立家规家训等形式，培养孩子们尊老爱幼、谦逊恭谨、勤俭质朴等美德，教育子女走正道、讲规矩、明事理，引导子女把个人目标和理想融入党、国家和民族的事业中去。

培育良好家风，还需要处理好夫妻关系、婆媳关系、父母子女以及兄弟姐妹间的关系。夫妻之间互相帮助、提醒，才能共同建起抵御歪风邪气的"家庭防火墙"，才能使党的各项建设工作蒸蒸日上，使中华民族伟大复兴的目标早日实现。

领导干部作为党风廉政建设的"关键少数"，要努力营造良好的家庭生态，只有不断"正心""修身""齐家"，管好自己，管住子女、配偶，不利用职权谋私利，自觉厘清自己与亲情、家风、党风、政风、民风的关系，才能真正为人民掌好权、用好权。

（二）领导干部要当好家风建设的主角

领导干部的家风与其本身的工作作风存在着密切的联系，是干部队伍建设的一个重要方面。而且，像领导干部在单位的作风和形象的影响力一样，像党的一切干部，甚至一名普通党员在社会中的作风和形象的影响力一样，干部的家属、亲友，尤其是配偶和子女的形象，所产生的社会效应也是不可低估的。作为领导干部，必须当好家风建设的"主角"。

1. 领导干部要见贤思齐，自觉建设好家风

在家风建设中，习近平总书记提出了"向焦裕禄、谷文昌、杨善洲等同志学习"①的要求。焦裕禄有"带头艰苦，不搞特殊""工作上向先进看齐，生活条件跟差的比"的家训。如今，焦裕禄留下来的家训早已成为儿女们诚心秉持的人生信条，还得到习近平总书记"点赞"。2014年3月，习总书记在河南省兰考县调研指导党的群众路线教育实践活动时指出，"要见贤思齐，组织党员、干部把焦裕禄精神作为一面镜子来好好照一照自己，努力做焦裕禄式的好党员、好干部。"

习近平总书记还多次提过谷文昌，在一篇题为《"潜绩"与"显绩"》的文章中，称赞他"在老百姓心中树起了一座不朽的丰碑。"②谷文昌的儿子谷豫东回忆父亲在东山工作时说，那时家里甚至没有饭桌，吃饭就在县政府大院宿舍露天的石桌上，遇到下雨，家里人只能端着碗在屋檐下吃饭。时至今日，谷文昌"清白持家、简朴本分、为民奉献"的家风仍在当地干部群众中传颂。谷文昌家风内涵丰富，体现了那一代共产党员艰苦朴素、清白为官、为民奉献的优良作风，是我们党的建设宝贵的精神财富，全面从严治党，应当把这些优良传统继承好、发扬好，让谷文昌式的好家风成为我们党永不褪色的"传家宝"。

杨善洲任县委书记时从没有利用职权给家人"农转非"，也没有为儿女端上"铁饭碗"，女儿结婚时，杨善洲要求从简办事，不让请客、不让收礼。杨善洲的女儿杨惠兰在追忆父亲时说："我的家庭不是名门书香世家，我家的家风家训也没有编写

①　王杰：《传承红色家风　涵养初心使命》，《中国纪检监察》，2020年第13期。

②　习近平：《"潜绩"与"显绩"》，《浙江日报》，2015年1月17日。

成书，但是爸爸用他自己的言行举止给我们留下了终身受用的精神财富。"

国家行政学院原副院长周文彰分析认为，家风为政风提供道德基础，政风为家风增添政治内涵。^①家风为政风提供亲情动力，好的家风以亲情的愿望和力量，推动或感召从政者树立好的政风。

2. 领导干部要把家风建设落实到行动上

领导干部作为党和执政机关各岗位及形象代表的"关键少数"，必须要在家风、家教建设方面身先士卒、以身作则，起到带头示范作用。"给子女留什么"这一根本问题尤其要解决好。有些党员和领导干部出现纵容和宠溺子女，致使子女违法乱纪甚至走上犯罪之路，一个重要原因就是没有解决好"给子女留什么"这一关键问题。历史和现实一再启示人们：与其给子女后代留下一大笔物质财富，不如给子女留下好的精神财富。因为如果子女们没有形成正确的道德观、人生观及世界观，纵有万贯家财，也会败光，而宝贵的精神财富将会永远流传下去。培育良好家风的关键在于严抓严管亲属子女、杜绝任何特权行为。俗话说，严是爱、松是害，不管不教要变坏。严才是家风建设的关键所在，严管才是厚爱，怠于管教反而会害了子女。领导干部必须清晰掌握并严格控制好亲属子女经商情况，确保没有任何违规及逾矩越界行为。领导干部还要正确处理亲情关系，正确处理公与私、法与情的关系，不要在亲情关上犯错误、栽跟头。毛泽东同志念亲但不为亲徇私、念旧但不为旧谋利、济

---

① 周文彰:《家风和政风：如何互为正能量》,《前进》2017年第10期，第21页。

亲但不以公济私的"三原则"，①充分体现了讲原则与讲情分的合理统一，领导干部要时刻牢记在心、落实到具体行动上。

领导干部要在"立品"上言传身教。人格塑造家风，家风孕育人格。我们应当看到，家风的好坏直接关系着一个人道德品行的锻造和培养。当前，一些领导干部面对家人出现的问题袒护甚至包庇，对待子女的不足默许甚至纵容，一味地在物质上给予满足，却忽略了最重要的品德塑造与示范。不可否认，在人情社会的情感交织中，干部子女难免会被当作"关心"的对象，但是，关心不是无原则的"关照"，关爱不是无边界的"溺爱"，而应该是更严格的要求，更高标准的教育引导。这就需要领导干部在"立品"上做到言传身教，内修德、外修品，以独特的人格魅力给予子女人格导向、精神慰藉的精神力量。

领导干部要在"立廉"上以身作则。家庭是拒绝防范贪腐的第一道关口，也是领导干部做到廉洁自律的首要阵地和重要防线。当前，仍有一些领导干部置法律法规纪律于不顾，或是把家庭当作权钱交易的名利场，或是把家人当作利益共同体，本应该在"立廉"上以身作则，却在"违纪"上以身试法，不仅毁了自我前程，也贻误了子女的成长。助廉，则家风清正；帮腐，则贪欲不止。家庭是人生上的第一堂课，也是终身课堂；父母是孩子的第一任老师，也是永远的老师。作为领导干部，尤其需要以身作则，在廉政上严格要求，在实践中以身作则，只有如此，才能清廉传家，以好的作风涵养好的家风。

领导干部要在"立志"上带头示范。作为干部子女，是立志做大事，还是碌碌无为？是志向高远，还是囿于小我？可以

---

① 陈新征：《毛泽东家书中的亲情世界》，dangshi.people.com.cn/n/2015/0818/c85037-27477596.html。

说，家庭教育弥足重要。实现中华民族伟大复兴中国梦的征程中，应当看到，只有把爱家和爱国统一起来，才能凝聚起实现中国梦的磅礴力量。"志不立，天下无可成之事"，这就需要领导干部在日常生活中重言传、重身教、教知识、育志向。在家庭中培育和践行社会主义核心价值观，融入中华民族传统美德教育，倡导忠诚、责任、学习的理念，引导子女把个人理想根植于社会发展建设中，立大志做实事。

第三章　领导干部家风建设是从严治党的新抓手

　　全面从严治党是党的十八大以来党中央作出的重大战略部署，是"四个全面"战略布局的重要组成部分。全面从严治党，基础在全面，关键在严，要害在治。党的十八大以来，经过坚决斗争，全面从严治党的政治引领和政治保障作用充分发挥，党的自我净化、自我完善、自我革新、自我提高能力显著增强，管党治党宽松软状况得到根本扭转，反腐败斗争取得压倒性胜利并全面巩固，消除了党、国家、军队内部存在的严重隐患，党在革命性锻造中更加坚强。

　　全面从严治党永远在路上。2016年10月24日至27日召开的党的十八届六中全会专题研究全面从严治党重大问题，制定《关于新形势下党内政治生活的若干准则》。2017年10月18日，习近平同志在十九大报告中强调，坚定不移全面从严治党，不断提高党的执政能力和领导水平。^①新的历史条件下，必须以更大力度推进党的建设新的伟大工程，坚定不移推进全面从严治党。2021年11月11日，党的十九届六中全会通过的《中共中央关于党的百年奋斗重大成就和历史经验的决议》更是指

---

① 习近平：《决胜全面建成小康社会 夺取新时代中国特色社会主义伟大胜利——在中国共产党第十九次全国代表大会上的报告》，《人民日报》，2017年10月28日。

出，"改革开放以后，党坚持党要管党、从严治党，推进党的建设取得明显成效。同时，由于一度出现管党不力、治党不严问题，有些党员、干部政治信仰出现严重危机，一些地方和部门选人用人风气不正，形式主义、官僚主义、享乐主义和奢靡之风盛行，特权思想和特权现象较为普遍存在。特别是搞任人唯亲、排斥异己的有之，搞团团伙伙、拉帮结派的有之，搞匿名诬告、制造谣言的有之，搞收买人心、拉动选票的有之，搞封官许愿、弹冠相庆的有之，搞自行其是、阳奉阴违的有之，搞尾大不掉、妄议中央的也有之，政治问题和经济问题相互交织，贪腐程度触目惊心。这'七个有之'问题严重影响党的形象和威信，严重损害党群干群关系，引起广大党员、干部、群众强烈不满和义愤。习近平同志强调，打铁必须自身硬，办好中国的事情，关键在党，关键在党要管党、全面从严治党。必须以加强党的长期执政能力建设、先进性和纯洁性建设为主线，以党的政治建设为统领，以坚定理想信念宗旨为根基，以调动全党积极性、主动性、创造性为着力点，不断提高党的建设质量，把党建设成为始终走在时代前列、人民衷心拥护、勇于自我革命、经得起各种风浪考验、朝气蓬勃的马克思主义执政党。党以永远在路上的清醒和坚定，坚持严的主基调，突出抓住'关键少数'，落实主体责任和监督责任，强化监督执纪问责，把全面从严治党贯穿于党的建设各方面。党中央召开各领域党建工作会议作出有力部署，推动党的建设全面进步"。[①]全面从严治党，就要防止"七个有之"问题，持之以恒纠治"四风"，从人民群众反映强烈的作风问题抓起，特别是要治理发展过程中的腐败

[①]《中共中央关于党的百年奋斗重大成就和历史经验的决议》，《人民日报》，2021年11月17日。

现象和腐败问题。

注重家风建设，是中华民族的传统美德，更是共产党人大力倡导和弘扬的优良作风。领导干部是治国理政的中坚力量，其家风如何，不仅关系到自身和家庭的荣辱，还关系到全面从严治党能否顺利实现。对于领导干部而言，好家风是好作风的营养剂，家风正则作风淳；坏家风是坏作风的催化剂，家风不正则很容易导致作风不正、为官不廉。领导干部家风建设，正在成为全面从严治党的新抓手。

一、领导干部家风的主要特征及时代诉求

（一）领导干部家风涉及的基本关系

领导干部的家风主要表现为领导干部在家庭内外关系的调整中一以贯之的行事风格和道德风气，反映着领导干部的思想政治水平、道德修养和自律性。正是因为领导干部这一"关键少数"的特殊性，所以其家庭结构、家庭文化、家庭功能均有别于普通家庭。贯彻落实全面从严治党，需要领导干部明确认知并处理好家风建设涉及的主要家庭内外关系。

一是夫妻关系。家庭因夫妻结合而产生，连接男女双方原生家庭，并通过生育功能使其关系网不断扩大，因而夫妻关系对建设优良家风的影响最为明显。夫妻之间情感交流最为密切，信息互动也最为频繁，夫妻双方的思想、行为极易受到对方的直接影响。同时，直接的亲密关系，也使领导干部的配偶极易接触到领导干部所掌握的公共权力。因此，领导干部家庭中的夫妻关系早已超越一般家庭的爱情、亲情等自然关系，具有社会和政治色彩。领导干部的配偶可以在成为领导干部"贤

内助"的同时成为"廉内助"，在对领导干部生活给予照顾、关怀的同时，协助领导干部在家里建起公私分明的"楚河汉界"。当然，领导干部的配偶也可能凭借权力资源，将公共权力作为谋取私利的工具。因此，夫妻关系是领导干部家风建设中最重要的关系。

二是亲子关系。亲子关系既包括领导干部与其父母之间的关系，也包括领导干部与其子女之间的关系。一方面，受传统孝亲文化的影响，为官不忘本、升官不忘亲的观念仍然存在于现代社会中，领导干部容易受到父母观念的左右。有些领导干部的父母所秉持的观念与时代脱节、与新时代好干部的标准不相适应，如传统家庭宗法礼制提倡子女对父母的绝对服从，强调"家庭本位"，将宗法亲情看作是最高的价值标准，这种血亲关系使得领导干部在工作中容易出现任人唯亲的不良现象，从而背离党的性质与宗旨，忽视党纪国法。另一方面，领导干部子女的社会化过程中也有着区别于普通家庭的特殊性。领导干部本人的社会阅历、工作环境以及在此影响下的家庭文化氛围等显然与普通家庭不同，普通家庭中每天发生的家庭琐事，在领导干部家庭中则可能或多或少地与权力、政治等问题交织在一起，这些都深深影响着领导干部子女对社会的基本认知，也潜移默化地熏染着其子女价值观、人生观、世界观的养成。普通家庭如果没有优良的家风，对子女的家教不严格，子女进入社会以后很容易做出有损家庭或家族荣誉的事情；而领导干部家风不正，对子女管教不严，不仅会损害家庭名誉、祸害家族，还会直接影响共产党在人民群众心目中的伟大形象。

三是亲属关系。亲属关系是因血缘、姻缘而形成的，是领导干部家风建设中不可回避的关系之一。从中国乡土社会到现代社会，扩大家庭模式逐步向核心家庭模式转变，但原生家庭之间的手足、姻亲关系对小家庭的影响仍然存在。领导干部的家庭与普通家庭最显著的区别就在于其手中掌握着一定的公权力，肩上承担着重要的责任。领导干部直接掌握权力，能够接触到社会稀缺资源，有着不同于一般人的影响力，这会像磁铁一样将更多家族成员与其紧密地联系在一起。然而，在亲情面前，原则就容易变通，底线也容易被突破。领导干部在亲属关系与工作关系之间必须有一个清晰的界限，防止亲属利用这种"亲情资源"，达到"权为己所用"的目的。领导干部能否妥善处理亲属关系与工作关系，做到公正用权、分清亲情与党纪国法两者间的界限，是领导干部家风建设中不可回避的重要方面。

四是社交关系。"人生不能无群"，人皆有交往需求，领导干部也不例外。但是，由于领导干部身份的特殊性，在社会交往中难免会有人企图利用其权力谋取私利。在中国特色社会主义市场经济背景下，领导干部面对的群体逐渐多元且复杂，主要包括因工作而形成的上下级关系、因学缘而形成的同学关系、因地缘而形成的同乡关系以及因兴趣爱好而结成的朋友关系。正所谓"近朱者赤，近墨者黑"，领导干部与什么样的人交朋友，直接影响到自己的品行与修养。能否谨慎交友，能否严管自己的"身边人"，能否养成健康的人际交往模式关系到领导干部家风建设能否全面拓展。

（二）领导干部家风的主要特征

与普通家庭的家风相比较，领导干部家风具有三个主要特征。

一是政治性。任何时代的政治都不会孤立地存在，政治是社会中的政治，而公共权力正是政治的内核。领导干部不是生活在真空中，也不可能与家庭内外关系彻底割裂，同样需要在家庭生活中满足普通人正常的生存、情感和其他社会需求。如此一来，领导干部家庭与公共权力之间便存在着必然的、无法彻底厘清的联系。因为权力无论是作为一种符号资源还是实质资源，都不会因领导干部进入家庭生活之后就自动消失，这就使得领导干部家庭与其他家庭相比，有着更多的政治属性。新时代，绝大多数领导干部将"中国梦"作为自己及家庭的奋斗目标，有了子女以后，领导干部也会将这种理想、目标、信念传递给子女，进而形成政治性较强的家风。

二是先进性。无论从领导干部作为共产党员的政治面貌，还是从其职位、职务的内在特点来看，都要求其个人及家庭成员在坚定不移的理想信念、公私分明的政治立场、清正廉洁的政治品格、为民谋利的政治情怀、遵纪守法的行为习惯等方面体现出先进性特质，成为优化党的执政形象、巩固党的执政基础的重要资源。

三是示范性。领导干部作为公众人物，受到民众的信任和尊敬，被寄予更高的道德期待。他们长期受马克思主义理论和红色家风熏陶，感受和领悟到无产阶级革命领导者和先行者先进事迹中蕴含的精华，更应有责任去培育和激发其家人形成优良的道德情操和高尚的家国情怀，从而对普通家庭的家风建设发挥良好的示范作用。领导干部及其家庭成员应在社会公德、职业道德、个人美德方面做出表率，在践行社会主义核心价值观中发挥引领、导向作用，以优良家风带动社会风气的良性转变。

（三）领导干部家风的时代诉求

家风在本质上属于社会意识范畴，总是伴随着社会的发展变革在内涵和形式上发生变化。当前，中国特色社会主义进入新时代，中国人民正在为实现美好生活而不懈奋斗。新时代对领导干部家风提出了更高要求，领导干部应带头在家风建设上做出表率，展现出与以往任何历史时期都不一样的崭新面貌。

坚持马克思主义指导，确保领导干部家风的先进性。无产阶级政党是"没有任何同整个无产阶级的利益不同的利益"[①] 的，这种阶级属性决定了中国共产党必须要保持先进性和方向性。坚持马克思主义指导，意味着既要坚定无产阶级的政治立场和理想信念，又要学会用科学的世界观和方法论认识和改造世界。中国共产党正是在这一理论指导下从事革命和建设工作，并不断进行理论发展和创新，形成了中国化的马克思主义。领导干部应自觉运用马克思主义的思想武器，不仅要提高自身的理论素养，还要教导子女学会用科学的世界观和方法论，去分析和解决问题，处理好现实生活中个人与他人、与社会、与国家的关系。具体如学习无产阶级及其政党的历史使命，树立群众观念和服务意识；学习实践论、劳动论，肯定劳动和劳动者的价值，养成艰苦奋斗、爱岗敬业的工作作风；学习家庭伦理中关于爱情、婚姻、家庭的学说，养成积极健康、志趣高尚的生活作风，等等。领导干部家风应当呈现出比普通家庭更为先进的精神面貌，成为当代家庭的楷模。

传承优秀传统家风文化，彰显领导干部家风的民族性。马克思指出："人们自己创造自己的历史，但是他们并不是随心所

[①] 《马克思恩格斯选集（第 1 卷）》，人民出版社 2012 年版，第 413 页。

欲地创造，并不是在他们自己选定的条件下创造，而是在直接碰到的、既定的、从过去继承下来的条件下创造。"[①]传统文化就是"从过去继承下来的条件"。家风文化是中国传统文化的重要组成部分，在古代社会发挥着规范和激励个体、维系和繁荣家族、稳固和协调社会等功能。传统家风文化虽然发端于封建社会，但其中不乏可贵的精神品质。传统家风文化中的许多事例，如言而有信的曾子杀彘、教子勤学的孟母断织、节俭反奢的曹操内戒、志存高远的诸葛家诫、与人为善的范氏义庄等，都是当代家风建设的思想源泉。我们应当继承传统家风文化中的优秀成分，并努力在实践中发扬光大。

把握世情、国情、党情和民情，追求领导干部家风的时代性。家风是通过代际传承形成的生活作风和行为方式，具有历史继承性，但人"不是处在某种虚幻的离群索居和固定不变状态中的人，而是处在现实的、可以通过经验观察到的、在一定条件下进行的发展过程中的人"[②]。以培育"现实的人"为目的的家风应当始终与时代同频共振、与现实社会相伴而行。和平与发展的世情是国际大背景，中国特色社会主义建设的国情是根本，全面提高党的建设科学化水平的党情是核心，期盼全面建成小康社会的民情是基础，现代家风正是在这样的外部环境下对传统家风的继承和发展。领导干部家庭率先塑造具有时代性的优良家风，最根本的就是要以社会主义核心价值观为价值标准，从国家层面加强对家庭成员的公民教育，培养对国家有用、对社会有助、对家庭有益、对自身有利的合格公民；从社会层面加强规范教育，培养尊重他人、遵纪守法、诚实友善的社会成

---

① 《马克思恩格斯选集（第 1 卷）》，人民出版社 2012 年版，第 669 页。

② 《马克思恩格斯选集（第 1 卷）》，人民出版社 2012 年版，第 153 页。

员；从个人层面加强人格教育，培养品行端正、脚踏实地、志向高远、具备健全人格的人。

二、领导干部优良家风对促进全面从严治党的重要意义

（一）确立党性自律的思想根基

当前全面从严治党的重点之一是党风廉政建设，关键是加强以反"四风"为代表的作风建设。作风问题的思想根源在于价值观的偏离。形式主义是政绩观错位，官僚主义是权力观扭曲，享乐主义是人生观衰退，奢靡之风是消费观膨胀，都是不能对主体的真实需求进行科学定位，从而导致对价值客体做出错误的价值判断和价值选择。个体价值观的树立源于家庭、学校、社会等多场域的生活实践，其中家庭既是个体接触社会的第一个也是伴随时间最长的生活环境。苏联教育家马卡连柯指出："家庭是最重要的地方，在家庭里面，人初次向社会生活迈进！"[①]家庭对个体价值观的形成具有初始性、持久性、深厚性的特质，家庭成员间价值观的相互影响胜于其他社会关系的影响。家风对家庭成员价值观的形成具有不可忽视的作用。因此，在党风建设方面，优良家风有助于领导干部树立和保持正确的价值观，抵制不良风气的侵蚀，是保持党员思想纯洁性的重要保障。

---

① 马卡连柯：《父母必读》，人民教育出版社1958年版，第303页。

（二）防止家庭成为党性腐蚀的温床

习近平总书记在中国共产党第十八届中央纪律检查委员会第三次全体会议上发表重要讲话时指出："作为党的干部，就是要讲大公无私、公私分明、先公后私、公而忘私，只有一心为公、事事出于公心，才能坦荡做人、谨慎用权，才能光明正大、堂堂正正。作风问题都与公私问题有联系，都与公款、公权有关系。公款姓公，一分一厘都不能乱花；公权为民，一丝一毫都不能私用。领导干部必须时刻清楚这一点，做到公私分明、克己奉公、严格自律。"①现代政治学普遍认为，公权存在的合法性在于公众出于对政府的信任，将自身私权做出合理让渡，以期通过政府有效的管理更好地保护公众的利益。公权从本质上属于公众，而不属于公权的代理者即政府，更不属于政府官员。执掌一国政权的执政党应是公众的集体代理人。尤其是无产阶级政党，更是广大人民群众的代表，领导干部在处理公私关系时应当比普通群众有更高的思想觉悟，公权决不能成为谋私的工具。"以权谋私"的贬义色彩决定了这里的"私"即法律和政策规定范围以外的个人不正当利益，其利益享用者包括一切与之存在非正常工作关系的人，最直接和主要的利益分享者就是家庭成员。在当前反腐败斗争中，发现多起"家族腐败"案例，家庭成为腐败滋生的温床，某些领导干部为满足自身和家人不断膨胀的私欲而不断侵犯和挑战公权的公正性和权威性。优良家风可以有效约束个人对公权的觊觎，有利于将个人和家庭利益控制在合理合法的范围内，有助于用健康的生活方式和高尚

---

① 习近平：《强化反腐败体制机制创新和制度保障　深入推进党风廉政建设和反腐败斗争》，《人民日报》，2014 年 1 月 15 日。

的精神追求取代物欲膨胀和思想堕落。

（三）将党纪国法的他律内化为个体家庭的内部自律

严明而有效的党纪国法是全面从严治党的战略措施和根本保障，但"一个人战胜不了自己，制度设计得再缜密，也会'法令滋彰，盗贼多有'"①。从行为约束的层次上看，党纪国法是对领导干部最基本的要求，是不可突破的底线，而党的先进性和纯洁性要求个体在思想和行为上应有更高层次的追求，这就需要在生活中处处严于律己、修身，不断提高自己的道德修为和思想境界。家庭可以弥补党纪国法在处理细微潜在问题上的不足。家庭成员间的日常监督和影响，能起到谨小慎微、防微杜渐的作用。家庭仍然是现代人活动的重要场所，尤其是精神滋养的源泉。所以，在现代社会，优良家风不仅有助于规范领导干部本人的言行，也可对其家属形成有效的约束。

三、全面从严推进领导干部家风建设

推进全面从严治党战略向纵深发展为培育优良家风指明了方向，全面从严治党的基本原则是将思想建党与制度治党紧密结合，形成全面从严治党整体合力。从进一步落实全面从严治党战略来看，领导干部家风建设同样需要从严提高家风意识、从严培养优良家风、从严构建家风工作格局，从而真正成为推进全面从严治党的新抓手。

---

① 中共中央纪律检查委员会，中共中央文献研究室编：《习近平关于党风廉政建设和反腐败斗争论述摘编》，中央文献出版社、中国方正出版社2015年版，第145页。

（一）从严提高家风建设思想觉悟意识

思想建党是从严治党的根本，只有解决好了这个核心问题，全面从严治党才会有牢固的思想基础、强大的精神支柱、不竭的动力源泉。领导干部的家风建设亦是如此。领导干部要增强人生观、世界观、价值观修养，将全面从严治党要求贯穿家风建设全过程，从更高层面增强家风意识。

从严提高家风意识是落实中央精神的应有之义。党的十八大以来，以习近平同志为核心的党中央提出了全面从严治党战略，其中就包含家风建设的新思想、新理念、新战略。习近平家风建设理论深刻揭示了家风建设在党和国家事业中的重要作用，深刻阐述了领导干部家风建设的紧迫性，不断对领导干部家风建设提出新要求，形成了比较系统的家风理论。领导干部要主动学习、领会，增强家风建设的积极性和主动性，将其作为一项责任和使命，作为树立政治意识、大局意识、核心意识、看齐意识的重要体现，作为与党中央保持高度一致的重要举措，以及践行党的作风建设部署的重要手段。

从严提高家风意识是全面从严治党的重要基础。全面从严治党涵盖了党的建设的方方面面。其中，领导干部的家风意识、家庭核心价值是党的思想建设的重要内容，家庭规矩是党的制度建设的重要部分，家庭风貌是党的作风建设的重要环节，家庭成员修养是党的反腐倡廉建设的重要体现。可以说，领导干部与家人能否自觉厘清党性和亲情、家风和党风的关系，直接决定着领导干部能否做到"心中有党，心中有民，心中有责，心中有戒"，更决定着我党能否提升全面从严治党成效。

从严提高家风意识是领导干部保持清正廉洁的重要保障。

从严治党的根本目的是实现干部清正、政府清明、政治清廉。要实现这一目标，领导干部的家风是重要保障。领导干部清正，首先从清正家风开始，教导家庭成员守住清廉防线，增强思廉倡廉守廉的能力和素质，分清哪些事能做，哪些事不能做，努力做到耐得住寂寞、守得住清贫、禁得住诱惑。只有每一个领导干部的家庭成员都做到了清正廉洁，政府清明、政治清廉才拥有了可靠保障。

（二）从严培养优良家风

领导干部家庭应积极弘扬中华优秀传统家风、革命先辈的红色家风，从严培育符合党和国家要求、具有时代特点的公私分明、慈严并重、清正廉洁、文明和谐的优良家风。

1. 公私分明的家风

领导干部与家人都要树立正确的权力观，处理好公与私的关系、个人利益和党的利益的关系，始终坚持"权力是人民给的""权为民用"的价值取向，时刻提醒自己公就是公、私就是私，绝不能混淆，绝不能将公权作为捞取家庭利益的资本或砝码。一方面，领导干部本人绝不利用手中的权力为家庭谋私利，为老婆孩子亲戚跑官要官，搞"一人得道鸡犬升天"那一套。另一方面，领导干部时刻约束、防止家人和身边人利用自己的地位、权力等影响谋取不当利益，尤其是在婚丧嫁娶、生老病死等事情上抵挡住"小心意""小意思""小甜头"，杜绝酿成"借机敛财"的大祸。

2. 慈严并重的家风

领导干部对家人要讲亲情，但要坚持爱而不溺；要讲规矩，但要坚持严而有度。在合乎党的要求、家庭道德的范围内培养感情，做到慈严并重。

领导干部对家人要体现关爱之情。多方调查显示，问题官员的家庭几乎都有一个共同之处，他们对家庭照顾不到位，很少关心父母、配偶、子女，有的甚至连正常交流都没有，导致亲情冷漠、异化。领导干部要重视培养家庭成员的情商，满足家人情感和被尊重的需要，尽量抽出时间与家人一起做家务、聊天、访友、旅游。与此同时，领导干部也应防止关爱变成溺爱、溺爱变成纵容，防止子女变成养尊处优、四体不勤，甚至我行我素、为所欲为的纨绔子弟。

领导干部应要求家人严肃对待人生理想。《孟子·滕文公上》提出，"饱食、暖衣、逸居而无教，则近于禽兽"。目前，不少领导干部正在犯类似错误，他们"重知识教育轻能力培养""重身体健康轻心理健康"。有鉴于此，领导干部应教育家人懂得志存高远，帮助他们做到重理想追求轻金钱实惠，重无私奉献轻物质利益的错误观念，主动将个人理想与党和国家的命运紧密联系在一起，成长为中国特色社会主义事业的接班人和建设者。

领导干部应严格塑造价值理念。应解决好"给子女留什么"的根本问题，绝不能使用权力留一些原本不属于家人的东西，而应把平等、法治、自立等优良价值理念留给子女。所谓"平等"就是教育家人不以势压人、以权压人，不盛气凌人，杜绝骄横霸道言行；"法治"就是教育家人拥有法纪观念，自觉遵守党和国家的法律法规，在法律法规设定的范围内做人行事；"自立"就是教育家人立足岗位做奉献，依靠自己的勤奋努力获得发展空间，依靠诚实劳动获得经济利益，不投机取巧、不以权谋钱，自觉抵制靠特殊关系、特殊政策、特殊批条等牟取非正当利益。

领导干部应严厉对待家人沾染的不良习气。领导干部对亲属子女要严格管理、严格监督，对他们身上的错误言行不回避、不护短，坚决予以纠正，帮助他们抵御不良风气的侵蚀。与领导干部本人相比，配偶、子女的自我约束能力稍弱，难免会提出一些与党的要求不完全一致的想法，甚至干预工作乃至管辖区域内的事务。对此，领导干部要设置一些规矩、底线，经常督促他们对照检查。当家人提出不正当要求时，要保持头脑清醒，守住底线，只有这样，他们的要求才不会有滋长的空间。反之，就会导致"不矜细行，终累大德"的结局。

3. 清正廉洁的家风

领导干部应与家人一起把廉洁自律运用于家庭管理，努力做到清清白白、不贪不沾，堂堂正正、不攀不奢，清清楚楚、不错不乱，努力建设清正廉洁型家庭。

构建清爽交际圈。领导干部和家人要多与那些善良、清白的人交往，多与普通群众、基层干部、先进模范、专家学者等交朋友。不和经常"套近乎"的人交朋友，不和不太熟悉却出手"大方"的人交朋友，不和"吃喝玩乐"的人交朋友，尤其注意与商界保持一种清清白白的关系，杜绝从大款、大腕那里为家人"寻求好处"，防止别有用心的人利用"夫人路线"或"公子路线"。同时，也不与同学、战友、老乡等建立权与钱相勾连、互利互惠的利益同盟。

讲究公道正派。领导干部应理直气壮、光明正大地讲党性，教导家人培养公道待人的作风、刚直不阿的正气，将爱国爱党爱民之情与爱家爱妻爱子之情有机融合，不以权谋私、不搞特殊化，尤其在处理婚丧嫁娶、工作调动、子女就业、生老病死等家事时低调再低调，真正做到在切身利益的小事上讲原则、讲公道、讲正气。

自觉抵御诱惑。领导干部全家都应该自觉抵制拜金主义、享乐主义、奢靡之风，当诱惑袭来时保持头脑冷静，克制享乐和感官刺激。面对金钱诱惑，时常想一想人不能把金钱带进坟墓，但金钱却能把人带进坟墓的道理，不义之财要么是一堆废纸锁在保险柜里，要么是写在存折上的一串串数字符号，到头来终将成为定罪量刑的重要证据。面对美色诱惑，时常想一想前人的告诫："红粉佳人体态妍，相逢勿认是良缘。试观多少贪花辈，不削功名也削年"。面对美食诱惑，时常想一想，人生在世不过一日三餐，粗茶淡饭保平安，不该吃的饭只会成为别人套牢自己的绳索。

4. 文明和谐的家风

领导干部要善用党风涵养家风，明确个人在家庭中应肩负的重要责任，与家人一起注重培养健康的生活情趣，努力做到讲操守、重品行，形成父母教育子女、妻子提醒丈夫、丈夫引导妻子的优良氛围，努力建设和谐型家庭。

要注重精神追求。领导干部家庭要提高文化素养，营造学习氛围。平时，多组织家庭成员学习党的创新理论，掌握党的最新路线和方针政策。同时，了解他们对一些理论、现实热点问题的真实看法，用正确理论化解疑惑，用关怀消除烦恼，不断提高政治觉悟、理论修养，借以保障政治立场的坚定，共同提升精神境界。只有精神境界提高了，才能减少低级趣味，才能抵御腐朽生活方式的诱惑，才能自觉拒绝庸俗、远离浮躁、淡泊物欲，更利于家庭成员之间加深了解、增进亲情、促进和谐。

要保持忠诚专一。领导干部要树立正确的婚姻观，恪守配偶间的承诺，以及应承担的职责和义务，积极维护好感情生活，保持对感情、婚姻的忠诚、专一。在对待配偶方面，建立感情相通、志气相投的婚姻关系，以自己的思想、情感、性格进行真诚互动，出现差异时及时沟通。领导干部不但要有谅解、容忍的胸怀，还要能够把握谅解、容忍限度；不但要积极创造、发展夫妻生活中的最大自由空间，还要保证不使活动越轨，控制在双方均能接受的范围。

要摆脱低级趣味。领导干部应坚决抵制诱惑，绝对不能沉湎在灯红酒绿、留恋于声色犬马。要清醒地认识到，有一些人为了谋取更大的利益，不惜出卖色相或购买色相、利用色相加以引诱，一旦被控制，就会落个背叛家庭、妻离子散，乃至锒铛入狱的悲惨结局。为此，领导干部须时刻谨记：官场"情人"的欲望就是填不满的"无底洞"，就是喂不饱的"老虎口"，自觉以对配偶的"忠贞之心"、家庭的"责任之心"抵制美色诱惑，以高尚人格、高雅情趣抵挡各种香风毒雾的侵袭，自觉远离通奸、不正当性关系、权色交易、钱色交易等糜烂生活作风。

（三）从严构建家风建设工作格局

家风建设是一项系统工作，要将其纳入全面从严治党战略，与党的建设工作同布置、同落实、同督查、同整改，形成工作合力，营造家风建设的优良氛围。

要从严压实责任。在家风建设中，党委要承担主体责任：制定本单位、本系统家风建设规划，研究家风建设议题；把家风教育列入思想政治教育之中；与党员谈心谈话时做到家风必谈；在述职述廉中，增加家风相关内容。纪委承担监督责任：对党委的家风建设工作提出意见建议；对领导干部及其家人进行全方位监督；针对家风问题积极开展调查。

要从严教育管理。从严治党关键在从严治吏，从严治吏的重点在于从严教育管理。目前，要充分利用从严治党实践成果，开展警示性教育，让出现家风问题的官员现身说法，将其拍摄成纪录片，广泛传播；督促领导干部将"八小时之外"的生活纳入个人总结、述职报告以及民主评议党员工作，促使其自查自纠；落实组织考察制度，重点考察生活态度、兴趣爱好、孝敬父母、教育子女、忠于配偶等，将其作为使用、晋级、奖惩的依据。尤其需要指出的是，对那些情趣高雅、孝顺父母、关爱子女、忠于配偶、和睦邻里的同志加以提拔，对那些格调低下、不重亲情、放纵子女、乱搞男女关系的干部坚决降职或撤职。

要从严监督执纪。一是监察部门把监督从"八小时"之内外延到"八小时"之外，关注领导干部工作之外所去的主要场所、活动内容、交往群体等，发现违反家风建设的举动或苗头性问题及时揭露、提醒，让"红红脸、出出汗"成为常态。二是针对党政部门领导干部位高权重、遇到的诱惑大、考验多的情况，重点加大对一把手、党委常委、重要部门干部的监督力度，着力从体制上规范权力运作，最大程度减少领导干部公权谋私、生活奢侈、夫人干政等不良家风的滋生。三是进一步加大巡视巡查力度，多与干部身边的群众、邻居、服务对象等谈话交流，深入了解其生活态度、家庭关系、子女行为等情况，把真实信息作为提拔使用的参考。四是加大惩戒力度。党的十八大以来，从被曝光不良家风的领导干部的处理结果看，党的态度是明确的，发现一起查处一起，一旦查证属实，就会严厉惩罚，绝不姑息。目前，要继续巩固这一成果，综合运用公众谴责、撤销职务、开除党籍、刑事拘留、判刑入狱等严厉措施形成威慑，力争取得党和人民满意的成效。

第四章 领导干部家风建设是涵养 为官之德的重要因素

家风是一个家庭或家族的传统风尚。官德，也就是从政道德，是为官当政者从政德行的综合反映，包括思想政治和品德作风等方面的素养。从古至今，家风会影响官员的个人品德、家庭品格、做事品节、为官品位，是关乎国家兴衰、民族发展、执政根基和官德形象的精神根脉，也是当前国家现代治理和政党修持的社会要事、政治大事。

当前，家风不严、后院失守的诸多教训，警示我们从严治吏必须抓紧抓好家风建设。肩负治国理政重任、承载民族未来之责的领导干部要把家风建设摆在重要位置，这对于各级领导干部加强党性和品德修养都具有重要的指导意义。

一、培育为官之德要把家风建设摆在重要位置

培育为官之德，需要领导干部加强党性修养，注重廉政建设。习近平总书记强调："抓作风建设要返璞归真、固本培元，在加强党性修养的同时，弘扬中华优秀传统文化。领导干部要把家风建设摆在重要位置，廉洁修身、廉洁齐家。"① 这番教导，

① 习近平:《在十八届中央纪委六次全会上的讲话》,《人民日报》,2016年5月3日。

把家风建设与党性修养紧密联系起来，可见领导干部的家风建设对于廉政建设具有何等重要的现实意义！

（一）好的家规带出好的家风

中国人历来注重家风，自古以来就有"严是爱，宠是害"的古训。爱家，是中华民族的传统美德，领导干部有足够的理由去关爱家庭和家人。但都应该从良好家风的角度去关爱，时常教诲家人要小心谨慎，做事、说话要讲原则，决不能为所欲为，做损害党和国家、人民利益的事情。领导干部不仅自己要自觉抵制腐朽思想的侵蚀，自觉同享乐主义、拜金主义以及一切歪风邪气作坚决的斗争，还要让家人也一起来抵制，远离"四风"，这样才能守住道德和法律底线，才是对家人真正的关爱，才能树立起良好的家风。

各级领导干部是中国特色社会主义建设事业的带头人、组织者和领导者。当前，领导干部家风建设以积极向上为主流，但这样那样的家风问题仍然客观存在。一些领导干部不注重家风建设，对亲属、子女疏于管教，导致家庭成员没有形成正确的世界观、人生观和价值观，做出有悖道德和法律的行为，造成恶劣的社会影响，给党和国家形象抹黑。更有甚者，忽视主观世界的改造，理想信念滑坡，走向贪腐的深渊，给家人亲属作出了负面"表率"，假借其权势，从中大肆渔利，形成了一人为官、全家贪腐的不良现象。

这些现象的形成原因是多方面的。一是部分领导干部理想信念不坚定，"修齐治平"的抱负缺失。坚定的理想信念是领导干部的精神支柱，失去了理想信念，精神就失去了寄托，容易缺钙般地患上"软骨病"。在多元价值观冲击下，一些领导干部对树立坚定理想信念的重要性、必要性及紧迫性认识不深，党性修养弱化、信仰迷失，甚至违反党纪国法，给家庭带来沉重打击，给社会带来恶劣影响，给党和国家带来巨大损失，影响良好家风的形成。二是忽视学习，理论武装薄弱。学习是提高道德修养、推动事业进步、涵养良好家风的最佳途径。但有的领导干部以为只要能够完成本职工作，解决当前问题，学不学习无所谓；有的以"工作繁忙"为借口，沉迷于电脑、手机，流连于各色"朋友圈"中，玩物丧志；有的把学习当作一种"任务"，仅限于学红头文件、学实施意见，完全不顾学习效果，最终使学习流于形式；有的陷入功利学习的泥潭，只为了获得学历或者晋升、调动的机会而学习，忽视了以学养德、以学修身、以学齐家。三是良好家规、家训的缺失。在新的历史条件下，中国传统文化中许多优秀元素没有得到很好的继承和弘扬，一些人甚至将敬老孝亲、为民爱国等优秀道德规范抛之脑后，使得家庭教育、家风建设偏离正常轨道。

建立良好的家规，形成良好的家风要从多方入手。从组织上而言，要将家训、家风教育定为领导干部教育培训的必修课，通过党校、行政学院、社会主义学院或其他途径培训，教育引导领导干部树立健康、向上的世界观、人生观和价值观，建设良好家风；要组织领导干部剖析案例，认真讨论、深入剖析，警钟长鸣。就领导干部个人而言，要向历史学，学习历史上优秀人士的良好家风；向实践学，学习模范人物家风建设中的好做法、好经验；向书本学，学习中华优秀传统文化，学习马克思主义理论，不断充实自己的知识体系，培养高尚的道德情操、健康的生活方式。就社会而言，应多开展"美丽家庭评选""你我共话好家规""传统家规现代运用"等专题教育或宣传活动，将中华优秀传统文化中的家庭治理智慧与现代社会治理有机融合，形成积极向上的价值引导和道德取向，营造好家风创建的良好氛围。

（二）以身作则方能营造良好家风

老一辈无产阶级革命家在治家教子方面有着共同的优秀品质，即坚持身正示范、以身作则。无论是在战火纷飞、艰难困苦的革命战争年代，还是在团结奋斗、机遇挑战并存的社会主义建设、改革时期，先进的共产党人总是能够严以律己，严格要求自己。这种以身作则精神体现在以下几个方面：首先，体现为对共产主义的坚定信念与对无产阶级伟大事业的执着追求。其次，带头遵守党的纪律规矩。陈云在主管国家经济工作时期，工作信息等从不对家人说，他说："我是主管经济的，这是国家的经济机密，我怎么可以在自己家里随便讲？我要带头遵守党的纪律。"[①]再次，他们有着严以律己、无私奉献、关爱他人等诸多优秀品质。中华人民共和国成立初期，陈云尽管工资有限，但总是会用一部分工资接济他人，帮助其他人渡过生活难关，他一生坚持谦虚谨慎的优良作风，反对对他个人的宣传。陈云家风可谓共产党人家风的典范，在其以身作则影响下，形成了既小心谨慎又坚持原则、既公私分明又勤俭持家、既淡泊名利又酷爱学习的良好家风。[②]

在党内、军内享有崇高威望的黄克诚大将，在严格治家方面也堪称楷模。他对子女要求十分严格。1980年春，小儿子黄

---

① 中央文献研究室第三编研部，陈云纪念馆编：《陈云家风》，浙江人民美术出版社2015年版，第34页。

② 中央文献研究室第三编研部，陈云纪念馆编：《陈云家风》，浙江人民美术出版社2015年版，第18页。

晴结婚时，社会上盛行婚嫁讲排场、摆阔气之风，无论大小城市，都是用小轿车迎亲。按黄克诚当时的社会地位和经济能力，动用几辆公车去给自己的儿子结婚用并非难事。但当工作人员请求黄克诚为儿子接新娘用专车时，黄克诚断然拒绝并讲道："这个戒不能开。年纪轻轻的，坐公共汽车，骑自行车，都可以来嘛，为什么要开着小车抖威风？"于是小儿子听从了黄克诚的教诲，不与其他人攀比，并心悦诚服地接受黄克诚的建议，坚持艰苦朴素、婚事简办，结婚那天骑着自行车去把新娘接到家。举办婚礼的整个过程中，黄克诚始终坚持一不请客、二不收礼的原则，而是简简单单地全家人欢聚一堂，邀上家中工作人员一起吃了一顿饭，就把喜事办了。[①]

诚然，时代发生了变化，但是并不意味着一些优秀的品质过时。相反，在新的时代条件下，领导干部更应保持"不骄不躁、谦虚谨慎"的优良作风。弘扬红色家风中的以身作则精神及其内在蕴含的优良道德品质，无疑有助于领导干部道德情操的涵养。领导干部要加强党性修养，提高思想道德素质，在家风建设中以身作则。领导干部是建设中国特色社会主义事业的关键少数，他们的带头作用是好还是不好，对一个家庭、一个单位和一个地区的影响是至关重要的，对家庭风气、政治风气的形成也至为关键。因此，加强领导干部家风建设，一个重要的着力点应该是抓住领导干部这个关键少数，强调领导干部自身在家风建设中的以身作则的重要性。

领导干部既是人民的公仆，也是家庭中的一员。只有在家庭中担当起维护家规、匡正家风的责任，子女们才会真正感受

---

① 李萌：《黄克诚大将画传》，四川人民出版社 2009 年版，第 230 页。

到好家规、好家风给他们带来的安全感与舒适感。新时代的领导干部要向老一辈无产阶级革命家学习，时刻提醒自己，以身作则，营造优良的家风氛围，为妻子儿女、父母兄弟等家庭成员立好标杆，做好榜样。

二、优良家风是支撑为官之德的强大精神力量

家风是一个家庭或家族的传统风尚，蕴含着这个家庭和家族的价值观念。古语说，寒门出孝子，寻忠臣于孝子门，这是家风影响的结果。家风重孝道，则家庭多孝子；家风重勤俭，家庭不会贫；家风重利益，子女多薄情。每个人的生命体验都与家庭紧密相连。好的家风、家教、家规、家训是人生的精神基因和文化宝典，是形成精神人格的教育源头。良好的家风能够给家庭成员营造一种良好的道德和文化氛围，在家庭的每个人心灵深处培育精神的基因，种下精神的"种子"。领导干部有什么样的家风，就有什么样的精神状态，就有什么样的人生格局与目标，进而就有什么样的做人态度和做事方法。好的家风对于一个领导干部端正思想和行为、永葆党员本色有不可替代的作用。

（一）优良家风有助于树立正确的世界观、人生观和价值观

家庭是传递文化、锤炼品行的园地。家风就是一个家庭所倡导和践行的"核心价值观"。形象地说，家风是家庭教育的综合"教材"，"少年若天性，习惯成自然"，家庭教育将留下终身烙印。处于启蒙阶段的孩子，父母的言行便是最好的教育和垂范，家风家教是孩子价值观养成的"第一粒扣子"。良好家风的

形成和引导功能，往往能使家庭成员在为人处世、生活学习等方面正道直行、健康成长。在生活工作、为人处世中具有崇尚勤劳、勇敢、坚毅、忠诚、求学、向善、务实、诚信等优秀特质，还为树立马克思主义的世界观，坚定对社会主义和共产主义的理想信念，为培养成熟、稳定的社会主义核心价值观奠定坚实的基础。

领导干部要树立正确的人生观和价值观，离不开优良家风的熏陶。对领导干部而言，好的家风为家庭成员达致理想人格提供了方法。它不仅告诉领导干部什么样的人生是有价值的、是值得追求的，还为领导干部提供修身律己的方向和依据。优良的家风文化就是官德的"根"和"魂"。

家风不正、家教不严，领导干部往往就会在世界观、人生观、价值观上出现问题、迷失方向，就会出现根本性、原则性的错误。心为物役，玩物丧志，追求物质享受，热衷名利攀比，进而是非颠倒、纸醉金迷、倚仗权势、目无法纪。

（二）优良家风有助于牢固树立"权为民所用"的正确权力观

领导干部是掌握权力的关键少数，要处理好公和私、情和法、权和责的关系，做到依规用权、依法用权、秉公用权、廉洁用权。

2022 年 6 月，中共中央办公厅印发了《领导干部配偶、子女及其配偶经商办企业管理规定》（以下简称《规定》）。《规定》贯彻落实新时代党的组织路线，是规范和制约权力运行，从源头上防范廉政风险，确保"权为民所用"的重要"利器"。

"权为民所用"，领导干部要永葆对公权的敬畏之心。公权姓公，不容私用。领导干部是一个地方或一个领域的重要"领头雁"，有的身居要职，其一言一行、一举一动关系着一方的发展大局。确保公权始终在正确的轨道上运行，是领导干部任职一方、服务一域的前提之要。公权一旦越界，就会带来恶劣影响。过往的一些贪腐案例表明，公权往往很容易从"身边人"越界。领导干部应时时刻刻、事事处处管理好"家事"，用行动践行"权为民所用"的承诺。

"权为民所用"，领导干部要筑牢思想的廉洁之堤，管好"身边人"，重视家庭家教家风，正身齐家、教好子女、管好家人，对身边腐败"零容忍"。《规定》对领导干部配偶、子女及其配偶经商办企业情况等如实报告作出规定，对干部选拔任用"凡提四必"进行查核的要求作出明确，目的就是要引领领导干部把家风建设抓在日常，把"身边人"管在平常，堂堂正正为官、清清白白做人，理直气壮地管好"身边人"，坚决确保"近水楼台不得月"。

领导干部既是事业发展的"领头雁"，也是廉洁自律建设的"带头人"。工作之余，领导干部与家人、亲人、亲戚相处的时间较多，其价值观、处事态度会潜移默化影响"身边人"。如果领导干部将自己的"人脉"和"面子"用在为配偶、子女等非法牟利上，其危害不可低估。对此，领导干部应当时时刻刻以身作则，为家人做好榜样，自觉同特权思想和特权现象作斗争，让权力时刻在阳光下运行，这既是为官之道，也是为官之要，更是为官之德。

（三）优良家风有助于树立公私分明的亲情观

对于党的领导干部而言，家风亦是作风、党风。正家风是共产党的优良传统，领导干部必须树立正确的亲情观。正确的亲情观可以筑牢优良家风的防线。

优良的家风确保领导干部在亲情面前不会丧失基本原则。"父子之严，不可以狎；骨肉之爱，不可以简。简则慈孝不接，狎则怠慢生焉。"爱儿女、爱家人是人之常情，但不能溺爱、偏爱、错爱，更不能在亲情面前丧失基本的原则。有的领导干部心中只有个人这个"小我"，没有党和人民这个"大我"；只有自己的"小家"，没有国家这个"大家"，一朝权力在手，便开始以权谋私。有的领导干部为了子女的位子、票子、房子，想给子女留下万贯家财，什么都敢干；有的领导干部通过权力运作，使其配偶借权敛财，结成"受贿夫妻档"；有的领导干部被"枕边风"吹得耳根发软，对种种违反党性原则的无理要求百依百顺，被家人牵着鼻子走，为不正之风的滋长"保驾护航"；有的领导干部对子女溺爱失度，疏于管教，甚至为子女一夜暴富"穿针引线""牵线搭桥"，结成"贪腐父子兵"。亲情之中讲原则，以身作则保本色。身为领导干部，要树立优良家风，在对待家人上，严管才是厚爱。只有用好权力，管好家人，事业才能长久，家业才能长兴。作为领导干部，不能被舐犊之情迷惑了双眼。真正疼爱子女，就应该涵养好家风，从小培育孩子正直的品质和出众的能力，让孩子经历摸爬滚打、砥砺成才。

家风不正，领导干部容易在亲情面前丧失基本原则。领导干部家风不正，常常导致工作作风不正、政风不正、党风不正，不仅会给党的事业造成损失，也会影响党的形象，影响整个社会风气。从近年来查处的腐败案件看，家风败坏往往是领导干部走向严重违纪违法的重要原因。有的对晚辈的"五子登科"无微不至：精心找位子，设法赚票子，争取好房子，购置好车子，谋福一辈子；有的对儿女的非分要求言听计从：要摆阔给金钱，要出国给方便，要发财给门路；有的甚至为家人违法谋私而不惜身家性命，把亲情置于法外，或为家人违法敛财开绿灯，或为儿女受贿作庇护，最终自食恶果、锒铛入狱。

因此，对孩子的真正关爱应该通过自身的言传身教，给予他们做人的道德教育。古人说："居官所以不能清白者，率由家人喜奢好侈使然也。"好的家风，能助人系好人生的"第一粒扣子"，先有"修身、齐家"，才有"治国、平天下"。于领导干部而言，"正好家风、管好家人、处好家事"，才能看好"后院"、堵住"后门"。淡泊名利、大公无私、清正廉洁，虽然有可能被误解，甚至还可能遭受责难，但却是最为宝贵的。这种看似"无情"的家风，铸就了这些好干部坚实、正直的脊梁，塑造了他们正确的亲情观。

三、优良家风是涵养官德的活水源泉

良好的家风、家训会外化为一种实际行动，使得人生道路越走越宽广。中国传统文化注重家国同构，家风建设也强调由人到家庭、到社会、到国家、到天下的顺序，提倡"格致诚正修齐治平"的修为之路，这既反映了个体、家庭对自身发展人格的逻辑定位，也体现了"家风"在官员个人道德建设中的重要地位。

（一）良好的家风涵养优秀的为官之德

良好的家风如春风雨露滋养着官德，是使之不断成长、丰满、壮大的正能量。

孝敬的家风涵养忠诚之德。由孝而忠，忠于家，忠于党，忠于国，忠于人民，心怀大爱，胸怀坦荡，是对领导干部官德的要求。世界上最坚定的思想是信仰，最可贵的品质是忠诚，最可敬的行为是担当。家庭的兴旺发展和国家的繁荣进步都离不开忠诚，一个忠诚的人面对大是大非才能站稳立场、面对困难挑战才敢挑重担。领导干部只有居公心，舍小家，顾大家，才会有大局，才会有担当。一些人家庭观念、国家意识淡薄，一些人不愿攻坚、不敢碰硬、不想负责，正是忠诚缺失、不敢担当的表现。

节俭的家风涵养勤廉之德。勤俭节约是中华民族的良好传统，也是好家风的内涵之一。诸葛亮在《诫子书》中云："夫君子之行，静以修身，俭以养德。"领导干部要恪守勤俭节约的传统美德，主动与铺张浪费、追求奢侈的行为隔绝，坚持文明健康的生活方式，给家人树立良好的榜样，让勤俭节约之风常驻家园。如果罔顾党纪国法，贪图享乐而滥用职权、以权谋私，不择手段地追求物质享受，一念贪心起，三千功德焚，最终必定会"一败涂地"。因此，戒贪在于节欲，节欲在于心廉，心廉在于勤俭。

律己的家风涵养敬畏之德。律己者，必心中有止，且待之有畏。社会的伦常道德、公序良俗、党纪国法，皆为心之所止所畏。习近平总书记多次强调"领导干部要心存敬畏""畏则不敢肆而德以成，无畏则从其所欲而及于祸"。有了敬畏之心，才会始终严要求、讲规矩、有纪律，教育子女凡事以法律为准绳、树立底线意识、坚决不触碰和逾越党纪国法的红线。

好学的家风涵养上进之德。"忠厚传家久，诗书继世长。"历代家训都特别重视读书的明理益能、振家出仕的价值，所谓仕而优则学、学而优则仕。习近平总书记强调："各级领导干部要勤于学、敏于思，坚持博学之、审问之、慎思之、明辨之、笃行之，以学益智，以学修身，以学增才。"同时，他还指出，好学才能上进。而兴学习之风，就必须从好学的家风培育起、熏染起、浓郁起。①

（二）领导干部必须做好以上率下的家风道德表率

《大学》云："上老老而民兴孝，上长长而民兴悌，上恤孤而民不悖。"《礼记》亦云："上有所好，下必甚焉。"这里的"上"，可以看作我们今天的领导干部，他们是群众的榜样，上行下效，直接影响着群众工作的效果。习近平总书记强调"打铁必须自身硬"，作为党的领导干部，欲帅之以正，首先要从自身做起，从自己的家风建起。要做国家和社会的道德楷模，努力成为家风建设的领头人，从立家规、明家训、树家风开始，努力培育和践行社会主义核心价值观，以身作则，言传身教，以好家风育官德，从而以好官德淳民风、清政风、正党风。

"治人者必先自治，责人者必先自责，成人者必先自成。"领导干部要成为道德榜样和良好家风的践行者、推动者，筑牢反腐败的"家庭"防线，必须以"德"治家，以"俭"持家，以"廉"保家。要模范遵守党纪国法，正确行使权力，树立"底线"意识，强化"红线"思维，常想法纪之威，常思贪欲之害，常念廉洁之福，以自身清正为"齐家"树立标杆；严格要求家人和身边人，及时纠正制止他们的不当言行，督促他们正确待权、谨慎交友，不搞特殊，不搞与众不同，确保"后院不起火""出不了家丑"。

---

① 习近平：《第四批全国干部学习培训教材〈序言〉》，《人民日报》，2015年1月18日。

（三）涵养为官之德重在落实优良家风

1. 家风的优劣影响领导干部如何为官

德国社会理论家阿克塞尔·霍耐特曾指出："一个民主性的共同体，是多么依赖于它的成员究竟有多少能力去实现一种相互合作的个人主义，就不会长久地一直否认家庭领域的政治道德意义。因为要想让一个人把他原先对一个小团体承担责任的能力，用来为社会整体的利益服务，这个人必须拥有的心理前提，是在一个和谐的、充满信任和平等的家庭里建立的。"①霍耐特的描述有着发人深省的时代智慧，他具体阐述了在现代社会中"家"的政治道德意义以及"家庭"对"为社会整体的利益服务"的"人"的重要性，对我国的领导干部形成和谐家庭氛围和优良家风也有着借鉴意义。

优良的家风可以涵养官德，优良的官德又可淳化家风。《中国共产党纪律处分条例》用制度引导广大党员干部增强自律意识的同时，也强调了必须强化家风建设，严格约束个人，更要严格约束家人，更好地落实了社会主义核心价值观要求，为实现全面从严治党向基层延伸提供了有力的制度保障。领导干部要高度重视家风建设。领导干部的家风，比起普通群众的家风来说，更具有强大的影响力和渗透力，其品德和作风不仅可以涵养社会主义核心价值观，而且能够与党风政风良性互动，助推形成优良的社会风气。

家风败坏往往是领导干部走向严重违纪违法的重要原因。一个见利忘义、中饱私囊、违纪违法的领导干部身后，往往伴随着家规不严、家风不正的现象。随着社会的发展，人们的物

---

① 霍耐特：《自由的权利》，社会科学文献出版社 2013 年版，第 275–276 页。

质生活水平得到了极大提高，一些领导干部及其家庭成员的人生观、价值观、权力观发生了变化，"家风"也在潜移默化中逐渐变质，有的领导干部把"升官发财"当成家训，给家庭埋下了罪恶的种子；有的领导干部纵妻、纵子甚至放纵情人大肆敛财……例如：某市市委原书记，治家不严，上演腐败夫妻"二人转"。在其贪腐敛财的过程中，其妻起着推波助澜的作用，丈夫收钱，妻子保管，夫妻上阵，共同敛财，其妻甚至跳到"前台"赤裸裸地索贿受贿，成为实实在在的"贪内助"，二人最终落得个双双被查的结局。

2. 领导干部如何营造良好的"家风"

"天下难事必作于易，天下大事必作于细。故终无难矣。"这是老子《道德经》中的话，意思是做大事要从细小处做起。"不积跬步，无以至千里"，优秀的官德要靠良好的家风点滴涵养，慢慢积累，靠日常生活中不起眼的小事情、小节上加强自身修养，完善自我，塑造子女们勤俭、自律等优秀品质。

从领导干部自身方面来说，要树立"反围猎"忧患意识的"严以修身"观。领导干部在家是一家之主，是家庭的主心骨和领路人，是家风外化的典范，如果自身不够硬，何以齐家、安天下？所以，手握权力的领导干部，必须"筑牢信仰之基、补足精神之钙、把稳思想之舵"，修好忠诚的政治品格、高尚的道德情操，心中去掉一个"私"字，摆脱一个"贪"字，谨记一个"公"字，方能在各种诱惑面前经得起考验，树立起"反围猎"的忧患意识，从而以"打铁必须自身硬"①的修为引领起自家优良家风的建设。

---

① 习近平：《决胜全面建成小康社会　夺取新时代中国特色社会主义伟大胜利——在中国共产党第十九次全国代表大会上的报告》，《人民日报》，2017年10月28日。

从配偶子女方面来说，要严格树立"廉洁齐家"观。领导干部在干好本职工作的同时，对其配偶子女要时常进行政治、思想和价值观教育，常讲朱德、焦裕禄等优秀共产党员的优良家风故事和优秀的革命传统，教导他们要有忆苦思甜、不忘历史苦难和常怀感恩的心态。念好从严治家的"紧箍咒"，树立"情不可越法、情不可逾规、情不可失德"的"有度"亲情观，遏制"特权思想"的萌发，这样才能让家人从根源上战胜形形色色的错误理论和思潮，让别有用心的"围猎者"无从下手。养成良好的家风，不仅可以带动家人修身立德，赢得家庭的幸福安康，更是为领导干部一心一意干好本职工作夯实了"后方根据地"。

从公与私方面来说，要清白持家，杜绝一切特权行为。作为领导干部，无论是在家中或是在单位处理公事，在"围猎者"心中，只要是领导干部的家属，就不可避免地与该领导干部一起成为被"围猎"的对象。这启示着每一个领导干部，在家风建设上，要谨记公与私的分界线，杜绝一切特权行为。

四、优良家风是维护官德操守的"藩篱"

家庭是社会的细胞，家风连着党风、政风，家风正，则政风淳、党风清。领导干部只有管好"家里人"、处理好"家务事"，才能办好"分内的事"、做好"民众的事"。从老一辈革命家毛泽东、周恩来、刘少奇，到模范领导干部焦裕禄、孔繁森、杨善洲等，都对党和人民事业高度负责、一生清廉，都为广大党员干部树立了律己严家、修身齐家的好榜样。

正所谓"妻贤夫祸少，子孝父心宽"。一方面，好家风能在润物无声中帮助家人养成良好的道德情操和生活习惯，让他们在感受家的温暖的同时得到端正自我的动力，积极地奉献社会、服务人民；另一方面，家人在关键时刻的一句叮咛、一顿批评往往能够唤醒被贪欲冲昏头脑的亲人，令其悬崖勒马。一个家庭里若是长存正气，常吹清风，那么从这样家庭走出的领导干部，一般都能够廉洁奉公、勤政为民，不容易腐化堕落。

（一）好家风是领导干部廉洁从政的保证

对于领导干部而言，官德与廉洁高度一致。廉洁是对领导干部的一项基本要求，也是树立良好家风的重要内容。而良好的家风更是领导干部廉洁从政的保证。

一个优秀领导干部的背后，往往有一个和谐美好的家庭；一个勤政廉政的领导干部身后，往往有一种良好的家风。世人景仰的周恩来总理，堪称领导干部中修身、齐家乃至治国、平天下的典范。周恩来、邓颖超夫妇虽然没有给后人留下一砖一瓦、一钱一物，却为世人留下了一笔宝贵的精神财富，子孙为之自豪，世人为之敬仰。正因为培养和形成了良好家风，使得周总理在全国甚至全世界赢得了崇高声誉，其身后才会有十里长街送总理的感人情景！

从近年纪律审查的情况看，不少贪腐案件都带有"家庭腐败"的特征。这从一个侧面说明，但凡有廉洁作风的领导干部，大都有着良好家风；家风良好的领导干部也大都有廉洁作风。由此可以看出，如果一个领导干部没有树立良好的家风，很可能保不住小节，最后自然也就有可能保不住大节。法网恢恢，疏而不漏，不要有侥幸心理。在全面从严治党的新形势下，领导干部修好家风建设这一课，才能有效抵御各种诱惑，为廉洁从政打下基础。

（二）好家风是领导干部党风廉洁的"晴雨表"

领导干部家风既是反映党风和社会风气的一个重要"窗口"，也是党风廉政建设的"晴雨表"。家风中的小事小节是一面镜子。家风若正，家庭成员作风必淳，廉洁奉公便有了精神支撑，党风政风自清，个人事业也会一帆风顺；相反，若家风不正、家教不严，不但会逼退领导干部应该坚持的原则与底线，而且会把领导干部自身拖入违法乱纪的深渊。

家风不正的领导干部很容易滑向腐败深渊。如很多大案，都是夫妻联手、父子上阵、兄弟串通、家族人员共同敛财。这些贪官腐化的方式花样百出，但家风败坏却是一个共有的标签，不仅在社会上造成了十分恶劣的影响，更给党风政风带来巨大的损害，严重污染了政治生态和社会风气。

领导干部应带头注重家庭、家教、家风，廉洁修身、清正齐家，做家风建设的表率。弘扬良好家风，各级领导干部要教育亲属、子女树立遵纪守法、艰苦朴素、自食其力的良好观念，明白见利忘义、贪赃枉法都是不道德的事情。

领导干部的家风好不好，党组织也有责任。各级党组织应经常了解领导干部的家庭家风状况，结合对干部的日常监督管理，通过谈心、慰问等形式，及时了解和动态跟踪其家庭家风情况。同时，要严格执行有关家风建设的法规条例和规章制度，按照《中国共产党纪律处分条例》《关于领导干部报告个人有关事项的规定》等有关规定，对纵容、默许亲属和子女利用自己职权职务影响谋取私利的领导干部，要进行严厉处分；对管理、约束亲属子女不严、不力的领导干部，要进行问责；对因品行不端、违背家庭伦理道德造成不良影响的领导干部，要予以调整。

（三）好家风能够增强领导干部自律意识

好家风是领导干部加强自律意识，抵御腐败的屏障藩篱。家庭给人以归属感，是人们内心情感最柔软的一部分。因此，家庭容易成为人性弱点的突破口，原则容易在亲情面前变通，底线容易在亲情面前突破。社会学上有一个著名的"横山法则"，即最有效并持续不断的控制不是强制，而是触发个人内在的自发控制。好的家风是一种无形的规约，内在自发的自律，是一种潜在的人生信仰，使领导干部在面对权力的时候会多一分敬畏，在面对诱惑的时候会多一丝定力，在行使权力的时候知道边界在哪里。

"富贵苟求终近祸，汝曹切勿坠家风。"领导干部，应注重家风建设，教育家庭成员以廉为德、以廉为荣、以廉为美，引导家庭成员加强思想道德修养，自律自重。我们绝不允许有人利用手中掌握的权力谋私利，"莫伸手，伸手必被捉"。对于个人而言，没有终生廉洁、终生为民的鸿鹄之志，期待飞得持久、"扶摇直上"是不可能的。领导干部要增强廉洁自律意识，不妨心中也算算利益账、良心账。

第五章 领导干部家风建设是事关党风政风的道德基石

家风与党风政风相互影响、相互渗透。家风正，则党风端；家风正，则政风清。一个执政党的良好党风政风与广大领导干部的良好家风密切相关。现实生活中，一些领导干部之所以贪污腐化，与其家风不正、家教不严有很大关系。新形势下，大力加强作风建设、深入开展反腐败斗争，必须深刻认识到领导干部的家风事关党风政风。

一、好家风为党风建设提供道德基础

家风对个人道德的养成产生着重要的影响。一个人的道德理想与道德良心其实在其成长过程中便已形成，可以说，一个拥有良好家风的家庭环境，能够在最大程度上帮助个人形成优秀的道德品质。对于党政干部来说，建设良好家风更是有以小带大之功：当党政干部普遍形成了优良家风时，政风建设的道德基础便可夯实。①

（一）家风建设是道德建设的基础性工程

1. 家风建设关乎个人成长和家族兴衰

一个人长期在某种环境中生活，便会在不知不觉间受到一

---

① 元亨利：《好家风带来好政风》，中国法制出版社2018年版，第3页。

定程度上的影响与感染，从而在言行举止进而到思想观念等与对方产生趋同性。

每一个人在人生的前二十年里，很大一部分时间是与父母生活在一起的。这段时间，恰恰是个人身体、思想、性格与气质等多方面成长、培养与塑造的关键时期。因此，父母的思想观念、性格脾气、为人处世、言行举止等，对子女所产生的影响极大，而这种影响力便是我们所说的"家风"。

"孟母择邻""岳母刺字"等故事流传千余年，堪称中华家风家教的典范。也正是因为有了这些伟大的母亲与她们所塑造的严格家风，我们的文化中才出现了圣贤孟子与抗金名将岳飞的青史留名。可以说，由此而生的孔孟之道和精忠报国的思想经过不断演变，并最终成为中华传统道德文化中的精髓部分。这些故事更是成为滋养无数儿童的精神食粮，并最终在特殊的历史时期，成就了无数敢于肩负民族大义与为了国家舍生取义的英雄人物。

许多成就一番事业的人，皆极其重视家风建设。远至三国时期的诸葛亮、北宋时期的司马光，近至当代商界李嘉诚、比尔·盖茨，他们可谓功成名就，但他们依然对子女要求严格。而纵观古今中外，也有诸多所谓的"富二代""官二代"，由于从出生便在物质方面具有先天优势，不需要自己努力就可享受到奢华的生活，便就此好逸恶劳、骄奢淫逸，最终，这些人成了"富不过三代"的佐证，使整个家族逐渐走向了衰败。这也印证了古语"自古英雄多磨难，纨绔子弟少伟男"的说法。可见，无论古今中外，家风的优劣对一个家族的兴衰有着重要的影响。

2. 家风建设关乎社会道德风尚和国家兴盛

表面上来看，家风只是一个家庭内部的小事，似乎与社会、与他人无关，其实不然，家庭是社会的基础细胞，更是一个国家的重要元素。从小的方面来说，家风反映的是一个家庭的生活原则；从大的方面来看，以家风为主的家庭伦理是整个社会道德的基础性组成部分。

可以说，社会道德乃至整个国家兴衰，都是以家庭为基础起源的。社会道德的形成与体现，最初便是依靠每一个家庭的家风建设来实现的，每一个独立的小家庭的家教，会对整个社会的道德体系产生正面或者反面的作用。只有每一个家庭都树立并形成了良好的家风，才能让整个社会建立起良好的道德体系与健康积极的价值观。

历史上，儒家思想是我国思想文化领域的主导文化，传统优良家风正是在儒家思想的深刻影响之下得以形成的，这使得儒家的道德规范在一定程度上成为家风的基本内容与价值取向。儒家所倡导的"修身、齐家、治国、平天下"等思想，也成为社会对个人行事与道德评价的主要标准，成为衡量家风好坏的重要尺度。在这种尺度之下，修身养性、廉洁自律、端正家风、重视家教，被认为是家庭教育中最重要的事情。当前，倡导家风建设，不仅反映了国家传承与发扬光大中华民族传统家庭美德的决心，也体现出了推进社会主义道德建设的现实要求。

"尔好谊，则民向仁而俗善；尔好利，则民好邪而俗败。"一方面，领导干部的家风好与坏，不仅是检验自身作风情况的"试金石"，同时更是群众了解党风、政风状况的窗口。另一方面，领导干部以身作则，以良好家风熏陶和感染他人，才能够带动社风民风向好的方向发展。党政干部只有重视家庭内部建设，做到自身作风优良，家风建设过硬，才能当好社会风气的"风向标"，做好表率，实现风行草从，引领社会崇德向善。

（二）优良家风是滋养社会主义核心价值观的源泉

基于家风立足于家庭的特点可以看出，"家风"其实就是一个家庭对其成员开展人生教育的起点，人的成长往往依赖于家庭教育。相比小家庭，许多大的家族组织，更是承担着本家族成员的社会保障功能，而家族成员之间也通过礼仪性的活动接受着家族的集体约束。在这一层面上，以"家训"为内容的家风就如同家族成员一致认可的"行动纲领"一般，指导与规训着每一位家族成员的生活与行为。

党的十八大提出了24字社会主义核心价值观，明确了社会主义核心价值观是社会主义核心价值体系的内核，体现了社会主义核心价值体系的根本性质和基本特征，同时也为积极培育与践行社会主义核心价值观指明了方向：国家层面倡导富强、民主、文明、和谐，社会层面倡导自由、平等、公正、法治，公民层面倡导爱国、敬业、诚信、友善。这是对社会主义核心价值观的高度概括，反映的是现阶段全国人民在价值观念上的"最大公约数"。

毫无疑问，唯有融入社会生活与每一个普通家庭，社会主义核心价值观才能具有广泛的群众基础与社会基础。而家风建设恰恰是将社会主义核心价值观与日常生活联系在一起，是使之落细、落小、落实的有效途径。

1. 优良家风与社会主义核心价值观内涵基本相符

优良家风与社会主义核心价值观有颇多共通之处。如社会主义核心价值观国家层面所倡导的"富强""民主"，分别与《钱氏家训》中的"务本节用则国富，进贤使能则国强，兴学育才则国盛，交邻有道则国安""大智兴邦，不过集众思；大愚误国，只为好自用"有异曲同工之处。社会层面的"平等""公正"，在多数家训要求的"持心公平""正身率下"等中都有一定体现。传统家风除了正面道德操守引导外，还有硬性的家规训诫，严厉惩治贪污枉法的家庭成员，与社会主义核心价值观之法治理念有共通之处。如宋代包拯在《训子孙》中告诫子孙："后世子孙仕宦，有犯赃滥者，不得放归本家；亡殁之后，不得葬于大茔之中；不从吾志，非吾子孙。"个人层面的"爱国""敬业""诚信"及"友善"的价值理念在优秀传统家风文化中有更多的体现。"爱国"是民族精神的核心，是国人普遍认同的道德标准，在中国传统社会，"爱国"更多地表现为"忠君"，如《朱子家训》以"臣之所贵者，忠也"倡导臣民对君主忠诚。在"学而优则仕"的传统社会，"敬业"更多指的是学业的勤谨，宋代学者家颐在《教子语》开篇就言："人生至乐，无如读书；至要，无如教子"表明读书教子是人生至乐至要之事。"诚信"与金缨《格言联璧》中的"内不欺己，外不欺人，上不欺天"一脉相承。"友善"体现在《左宗棠家书》中"家庭之间，以和顺为贵"的"和合"睦邻思想。当然，传统社会的家礼、家规、家训文化毕竟是为宗法等级制度服务的，维护的是君权、族权、父权、夫权等，对此我们应区别对待，剔除愚忠、愚孝、守旧等与当今社会主义核心价值观倡导的基本理念相悖的家规、家礼文化。

家风文化作为传承中华文明的载体，以一种润物无声、潜移默化的方式对人们的道德价值观产生深刻影响。它不仅在纵向的家族繁衍中规范家庭成员的道德操守，同时也在横向的社会交往中促进价值取向的形成完善和道德人格的塑造培养。"核心价值观，其实就是一种德，既是个人的德，也是一种大德，就是国家的德、社会的德。"①从本质上来讲，优良家风与社会主义核心价值观都同属于"德"这一范畴，文化同根性使二者所蕴含的道德准则一脉相承、高度契合。

2. 优良家风是弘扬社会主义核心价值观的微观载体

宏观抽象的理论只有借助微观鲜活的载体，才能在大众日常生活中展现出其教化的生命力。社会主义核心价值观从内化于心到外化于行，是以一定的道德基础为前提的，而这种道德基础主要是在家风文化的长期浸染中奠定的。作为形成健全道德人格的基础性工程，家风文化以日常生活为载体，是每一个家庭成员道德人格塑形的活水源头。

价值观并非是虚无缥缈的理念，而是根植于社会生活，在世俗生活的样态中呈现其鲜活的生命力。蕴含于日常生活画卷的家风家训文化以生动的人、事、物作为载体，以家庭生活场域中的点点滴滴与社会主义核心价值观元素相契合，使宏观、抽象的社会主义核心价值观变得微观、具体、鲜活、接地气，在日常生活中如春风化雨般浸润家庭成员的心灵，潜移默化、循序渐进地与寻常大众的生活实践相融相通。优秀传统家风文化崇尚的仁义礼智信"五常"和孝悌忠信礼义廉耻"八德"既是中华道德文明的核心要素，又与社会主义核心价值观尤其是个人层面的价值理念具有内在契合性。根植并渗透于日常生活点滴之中的优秀传统家风文化，是社会主义核心价值观鲜活生动的载体。世代传承的家训文化创造了丰富多样的价值载体样态，譬如家训专书、族规宗约、家训书札、家礼家仪、家教格言警

---

① 习近平：《青年要自觉践行社会主义核心价值观——在北京大学师生座谈会上的讲话》，《人民日报》，2014年5月5日。

句等家训文献，都是价值观念和道德规范的形象表述和生动展示。借助这些具有亲缘纽带和情感体验特质的"接地气"载体，能够强化人们对孝亲、敬老、和谐、互助、勤俭、爱幼等家庭美德的心理认同，从而拉近民众与社会主义核心价值观的距离，使之在春风化雨、润物无声中从文字走向生活、从说教走向濡染和内化。

中华文明是人类历史上唯一从未间断过的文明，"家"文化更是一脉相承，是连接古今、公私的关键点。传承传统家风，是连接社会主义核心价值观与传统文化衔接血脉的纽带和桥梁，因此，弘扬和践行社会主义核心价值观，要特别注重家风家教的独特作用。如果将社会主义核心价值观比作一座大厦，那么传统文化是这座大厦的根基，家风则是立足地基、支撑大厦的架构。

3. 家庭教育对于树立社会主义核心价值观的独特优势

社会主义核心价值观培育的关键是要唤起情感共鸣与价值认同，即从理论认知上升到价值认同，甚至进一步升华为信仰层面。在这个转化过程中，认知客体的合理性是实现价值认同的逻辑前提，但仅有合理性是不够的。要实现对社会主义核心价值观的价值认同，还必须使理论性、抽象性的认知客体向大众性、通俗性转化，使社会主义核心价值观融入大众日常生活。而家庭本身所具有的血缘、婚姻关系等特性，决定了家风教育拥有其他教育方式所不具备的独特情感认同功能。如此，家风教化模式的潜默性和生活化，成为融通大众生活与社会主义核心价值观的有效通道。根植于生活的家训家风文化具有天然的亲和力和融合力，能够消解价值观培育过程中的疏离感，增强认知客体的大众性和通俗性，为社会主义核心价值观的涵育奠定坚实的认同根基。

相比学校教育与社会教育，家庭道德教育拥有两者不具备的独特优势，具体表现在：

第一，家庭道德教育在家庭成员之间展开。父母与子女之间存在着天然的血缘关系，在父母对子女无私而真挚的爱意之中，年幼的子女对父母形成了无限的依赖。养育过程中，孩子对父母的认同远远超过对其他人的认可，在这种充满了亲情之爱的教育氛围之中，子女更容易去信任父母，更容易被影响。这种影响不仅存在于父母的耳提面命，同时更存在于无言的教育之中。

古代家风文化中对父母言传身教所产生的作用极其重视。颜之推认为："夫风化者，自上而行于下者也，自先而施于后者也。"意即，教育感化其实是一个从上向下推行的具体过程，若在这一过程中父母行为不佳，那么子女也学不好。持同样观点的还有元朝的郑太和："为家长者，当以至诚待下，一言不可妄发，一行不可妄为，庶合古人以身教之意。"这句话出自《郑氏规范》，其意指家长应以诚心对待晚辈，不可乱说乱为，而要以身作则，真真正正地做到言传身教。

这种以身作则的教育方法使书本上的道德教育与生活紧密结合，在潜移默化中达到润物无声的效果，并最大限度削弱受教育者的叛逆心理，"化民而不自知"。俗话说，知子莫若父。爱国、忠厚、善良、正直……这些概念在学校教育中往往会被描述得抽象，而父母却可以通过日常生活对子女进行全面观察与了解，及时地从道德层面上发现孩子的问题，并有的放矢地进行言传身教。

第二，家庭层面展开的教育更能把握最佳教育时机。个人能力的完善是一个循序渐进的过程，个人道德思想的形成也需要较长时间的积累，因而古人便极其重视这种循序渐进的施教方法。例如，《颜氏家训·教子篇》中便指出："古者圣王，有胎教之法：怀子三月，出居别宫，目不邪视，耳不妄听，音声滋味，以礼节之。"《颜氏家训·勉学篇》也有论述："人生小幼，精神专利，长成已后，思虑散逸，固须早教，勿失机也。"《礼记·内则》则进一步说明了不同年龄段施以不同教育内容的重要性，如"子能食食，教以右手。能言，男唯女俞……六年，教之数与方名；七年，男女不同席，不共食；八年，出入门户及即席饮食，必后长者，始教之让；九年，教之数日。十年，出就外傅，居宿于外，学书记……十有三年，学乐、诵诗、舞勺。成童，舞象、学射御"。

第三，家庭教育贯穿人的一生，更具有持久性。一家人往往朝夕相处，所以能够及时地察觉受教育者出现的道德问题，使不良行为得到纠正。在这种持久性教育的影响下，人们的一生都可以受到本家家风的熏陶，从而使家风所引导的价值观更好地深入人心。在家庭教育中，家长往往在有意或无意间以自己的实际行动将教育活动与生活实践紧密地联系起来，从而使子女的道德认知与道德实践更好地结合在了一起。

一个人源于家庭、成长于家庭，其行为表现、思想观念都深深地打上了家庭的烙印。优良家风并不一定能完全覆盖社会主义核心价值观要求的全部价值取向，但对践行社会主义核心价值观产生着最基础、最积极的作用。也只有当每一个家庭都在家风建设中依据社会主义核心价值观展开家庭教育，才能在全社会形成知荣辱、讲正气、促和谐的社会风尚。领导干部更要奋力担起社会责任和时代使命，带头践行优良家风建设，引领良好的家庭教育、家风传承的社会风尚，带动每个中华儿女牢固个人与国家紧密相连的命运共同体意识，不断在实现中国梦的辛勤劳动中团结奋进。

（三）家风与党风息息相关

1. 传统家风与政治的关系

相比于普通社会成员的家风建设，古往今来的执政者，都极其重视官员群体的家风建设，其根本原因就在于，官员群体的家风与政治生活、政治权力紧密关联，其家风会直接对国家治理产生深刻影响。

对整个人类政治生活的历史进行审视，我们可以发现，从政治发展的纵向谱系来看，以血亲关系为内核的社会关系圈，曾成为塑造国家政治系统初始形态的支撑力量，并在一定历史时期内得以扩张，而后随着近现代政治文明的演进日渐式微，逐渐沦落为一种亚文化形态。

在西方政治哲学中有一个视自然家庭为公益的敌人的重要思想：政治家是忠于家庭小圈子，还是忠于公正的政治秩序，两者之间存在着天然的冲突。换言之，对官员来说，天然存在的裙带关系与公民赋予的权力和维护公共秩序的义务之间，永远存在着内在冲突。一个社会秩序的正常维护，需要通过良好的机制来对裙带关系进行监督与抑制。

这种理论对于我们的深刻启示在于：党政领导干部的家风建设绝对不是个人私事、小事，它与国家治理、政治生活有着密切的关联。因此，要高度重视领导干部的家风建设，将其对政治权力与公共秩序的潜在威胁遏制在萌芽期，防患于未然。

2. 领导干部的家风与党风密切相关

《论语》有语："为政以德，譬如北辰，居其所而众星共之。"作为马克思主义政党，党的作风建设事关党的纯洁性、先进性。可以说，党的作风就是党的形象，它关系着人心向背，更关系着党的生死存亡。若党的队伍中存在着作风不正、离心离德的领导干部，那么，他们自己手中掌握的公权力会异化为少数人谋取私利的工具，从而脱离群众，使党面临腐败变质的危险。从这一层面上来说，领导干部个人的作风其实就是党的作风的具体表现。

从群众角度来说，广大民众对作为社会"公共人物"的领导干部往往有更高的道德期望与角色期待，这种期待产生的根本原因就在于，领导干部的家风不仅能够反映一般的家庭理念，同时也能反映领导干部是否真正严肃地对待了党性、党规与党纪。因此，领导干部在"八小时以外"与"八小时以内"的作风是否一致，往往是群众判断党风走向的关键渠道。

另外，领导干部家庭关系的处理情况，领导干部家庭成员与社会交往人群的关系，也是判断领导干部作风的重要依据。一名领导干部是否能够将家庭管理好，往往能够反映出其是否有能力承担反腐败倡廉洁的主体责任，是否有能力带好党员队伍，管好所在部门、所在辖区、所在单位。

3. 重视与加强党的作风建设是党的一贯主张与优良传统

1945 年毛泽东首次将理论与实际相结合、与人民群众密切地联系在一起以及批评与自我批评确立为党的三大优良作风。[①]时至今日，环境发生了重大变化，党的作风建设成为一个涵盖

---

① 《毛泽东选集》第 3 卷，人民出版社 1991 年版，第 1093 页。

思想作风、领导作风、工作作风、生活作风与学习作风等多方面的政治概念，而且需要密切结合党的领导与执政活动。在作风建设中，领导干部的家风日渐成为一个需要高度重视的方面。

突出强调领导干部的家风问题，是党提出的"管党治党"理论与实践的一个重要延伸。将领导干部的家风正式纳入了执政党作风建设的框架之内，这将在理论与实践方面全面而深入地推动领导干部的家风建设。

4. 领导干部的家风建设是党风廉政建设的关键领域

一个普通的家庭若家风不正，便极易引发诸多的家庭问题，而党的领导干部若家风不正，则极易诱发腐败问题。

新时期，中国共产党重申家风建设，既是在回应时代发展的需求，也与当下国内反腐倡廉的政治语境相契合。党的作风状态是党内政治生态质量的根本衡量标准，而我国传统的政治结构与文化心理特点，也决定了领导干部的私人生活与国家治理之间有着紧密的联系。在此背景之下，作为"关键少数"的领导干部群体的家风建设，便成了党风建设的关键一环。

从近年来查处的一些腐败案件来看，不论是刘铁男的"老子办事，儿子收钱"，还是苏荣的"家是权钱交易所"，都是利用亲情利用权力变现，父子上阵、夫妻串通、官商勾兑，将家人串联成了利益共同体。家族式腐败之所以屡见不鲜，凸显的正是一些领导干部在家风家教上存在的严重的问题。

有些领导干部虽然有"家风"，但其"家风"却是贪字当头。他们将权力当成谋取私利的工具，认为时代变了，在市场经济的大背景下，手中的权力若不及时变现，等自己退下来以后便会"吃了大亏"，因此必须要在任上时为子孙留下点什么。这类领导干部不仅疯狂为自己"计"，更为所欲为地为家人"谋"。

如某市公安局原局长叶某某，在任时为自己定下了一个"宏大"的贪污受贿目标："留 2000 万元给儿子，留 2000 万元给女儿，再留 2000 万元给自己。"担任公职期间，叶某某所想的并非是如何用好手中权力为人民谋福利，而是如何利用手中权力牟私利、伸黑手，待自己退休以后，再将贪腐之财分给女儿、儿子与自己，以"安心地度过晚年生活"。

公权滥用的背后是扭曲的价值观以及不正的家风。正是因为家风不正，才让他们在贪污的泥潭中越陷越深，爱家之心却最终毁了家。以上所举领导干部的不良"家风"，违背了国法党纪原则，脱离了群众，站在了群众的对立面，与党"用权为民"的宗旨相违背，更严重扭曲、败坏了社会道德，极大地损害了党与政府的形象，产生了恶劣的社会影响，给党与人民的事业造成了重大损失。

还有一种情况也值得领导干部注意与警惕。有些领导干部虽然在工作上尽职尽责，在私生活中严以律己，但却忽略了家风家教，在对子女的培育上未能尽心竭力，以至于家庭内部出现了"不争气"的贪腐违纪违法现象。这些，都为党员家风建设敲响了警钟，迫切需要我们将它摆到应有的位置上去。基于人伦与家庭理念衍生而来的家风，在影响领导干部的过程中会产生强大的"蝴蝶效应"，这也正是为什么"家风决定党风、影响着民风"，领导干部若人人都可以做到家风正，则可以使党风清、民风淳。

党之所以重视家风建设，原因就在于家风虽源于家庭、立足于家庭，但也是党员道德水准与价值取向的关键影响因素。领导干部的家风建设情况对党风、政风与民风产生着巨大而深刻的影响。事实也正是如此，家风本身所具备的人伦特点，使其成了反腐倡廉建设的新路径，也只有当家庭成为官员廉洁意识养成的摇篮时，才能真正地在党的内部形成由个体带动群体、由管理层带动基层的扬正气、除浊气的强大反腐败的气场。而家庭生态与社会生态密切相关，也唯有在良好的家庭生态支持之下，有效而积极地反腐败和预防腐败的制度才能确立。因此，家庭参与到反腐败斗争中，也将推动防治腐败的相关举措更加持续与深入。家风建设是党风廉政建设不可或缺的重要环节。

二、好家风让从政者头脑清醒

家庭永远是个人幸福的重要源泉，很多党政干部不仅是单位的"顶梁柱"，更是家庭的"主心骨"。他们手中握有多大权力，眼前便摆了多大的诱惑，经不住考验，抵不住诱惑，稍有闪失便会走偏了路。但干部身后若有优秀家风做保障，有家人监督与陪伴，那么，家庭的教育与引导，便会使从政者在面临诱惑时头脑清醒起来，进而暗暗痛改前非，远离腐败泥潭。[①]

（一）好家风是培养官员责任担当的摇篮

人的一生中，往往扮演着多重角色：儿子（女儿）、丈夫（妻子）、父亲（母亲）、领导、下属等，每一个角色所涉及的工作内容就是一份责任。每一个人身上其实肩负着两种责任：对社会的责任与对家庭的责任。广大领导干部同样如此，既然扮演了这个角色，就应该担负起这份责任。唯有如此，人生才能幸福安康，社会才能和谐稳定。

可反观现实生活中的某些领导干部，他们的关注点侧重于

---

① 元亨利：《好家风带来好政风》，中国法制出版社2018年版，第55页。

公职，其家庭责任往往被大大忽视，同时也形成了中国相当一部分落马干部的"双面人生"：一边是工作上的废寝忘食，另一边是生活上的贪污腐化。

周某出身于普通工人家庭，凭借个人努力，一路上升，被任命为某学院院长。熟悉他的人皆知，其仕途如此顺风顺水，并非像有些人靠着"裙带关系"，而是凭借其"工作能力强、魄力足"等特质。

周某在担任院长期间，正值中国高校扩招。大规模基建工程使学院与全国大多数高校一样，面临巨大资金缺口。在很多人束手无策、一筹莫展时，他却摸索出一套被誉为"独创性思维"的校园建设模式，并通过这种模式，把经营权置换成社会资本投资，在学校未出一分钱的情况下，不但实现了对学校老食堂的改造，还完成了学生宿舍建设。另外，在任职院长不足两年的时间内，他还先后顺利完成该校抚州、南昌两个校区的建设任务，被评价为"在当时属于史无前例"，并因此赢得了"确实有两下子""有胆识、有魄力，也无私"的美誉，从而受命担任某大学党委副书记、校长。周某不但成为某省唯一一所211重点高校的校长，在其出任校长后，因喜欢和学生互动，经常深入学生中听取意见，让学生深感其"亲和力"。

忙碌于工作的周某自然对家庭少有关心，也正是因为与家人团聚时间的减少，使得他对家庭的责任感淡漠，并逐渐地在私德之上偏离了"航线"。在被"双规"期间，周某承认，他的情人有20多个，保持关系最久的长达8年。

生活作风的腐败使其工作作风也开始逐渐转变。有同事指出，其在工作中独断专行，对他人的意见毫不理会，各种人事任免也是他自己一手决定。因此便不断有人向纪委举报他。

此时，距其担任某大学校长仅一年。其间，他不但"力排众议"，耗资3000多万元，建成号称"亚洲第一校门"的正校门，还耗资1000多万元，塑造了"中华正气龙"等形象工程，仅面子工程就浪费资金数亿元。除通过大规模基建工程收受贿赂外，他还利用学者身份，打着"学术交流"旗号，特别是利用国外学术交流的机会，与自己20多个情人体验西方国家的生活方式，彻底地沦为了"阳为道学，阴为富贵，被服儒雅，行若狗彘"的两面人。

像周某这样原本可以大有可为的领导干部，最终却成了权力与物质的奴隶，搞得身败名裂，着实令人惋惜。但惋惜之余，试想一下，若他们家庭责任感强烈，或是经常参与到家庭生活中去，能够时时受到良好家风的影响，那么，其父母、妻子与儿女或许便能够在其"心态失衡"之初，及时发现苗头和倾向，并采取切实措施，给予批评提醒，进而使得"周某们"免走人生错路，国家和人民也可以避免损失。而这也正体现了和谐的家庭与良好的家风对于领导干部最大的作用。

很多贪腐干部与周某有一个共性：他们都有一个奋斗的青年时期，一个上升的中年时期，却最终落得千古骂名。而原因正是其家庭责任感的丧失，使思想中的享乐主义占据了主位，在整日沉湎于声色犬马所带来的快乐之中，遗忘了家庭的亲情，导致了工作责任感的丧失。

家庭是工作的基础，这就如同战争时期一般，没有了后方的稳定与保障，前线自然难以安心作战。领导干部抓好家风建设即对党忠诚，对家庭、国家和民族负责，对社会贡献和谐之力。领导干部要深刻认识家风建设的重要意义，以优良家风滋养党风政风，带动民风社风，努力使千千万万个家庭成为国家发展、民族进步、社会和谐的重要基点，成为梦想启航之地。

（二）"无情"家风，成就正直脊梁

古往今来，大凡可在历史上留下美名的清官正吏，其家风也往往令后人"仰之弥高"。家风好便可治好家，做好官、理好政的可能性就更大。反之，家风不良便易生败子、易出佞臣，小则毁家、大则误国。①这也正是为什么我们一直在强调家风的重要性：领导干部的家风，并非普通意义上的小事，而是事关党风、政风、民风好坏的大事。

虽然领导干部淡泊名利、清正廉洁似乎不近人情，甚至还有可能遭遇来自亲朋好友的责难，但这种大公无私的品质对于手握权力的官员来说是最为宝贵的。看似"无情"的家风，铸就了古往今来无数好官员挺拔、正直的脊梁。

明成祖永乐九年（1411），邝埜考中进士后，被朝廷任命为监察御史一职。自此，邝埜以为官勤廉端谨而著称于世。

邝埜长期在陕西担任按察副使一职，时间长了自然思念父亲，于是便想要聘请原本就学识渊博的父亲邝子辅担任陕西的乡试考官。邝子辅知道儿子的打算后十分生气，在家信中对其狠狠责骂："儿子当上了地方官，却想要聘请自己的父亲当乡试考官，这样做怎么能够防舞弊、避嫌疑？"

有一次，邝埜出于孝心，用自己的俸禄给父亲买了一件非常普通的粗布衣服，请人带回了家乡。但邝子辅由于不清楚这件衣服的来历，坚决不肯接受。他不仅将衣服还给来人，同时还请其带去了一封家信，主要意思是：你做刑官，所负为刑罚

---

① 元亨利：《好家风带来好政风》，中国法制出版社 2018 年版，第 58 页。

之事，应当以洗冤屈、释疑案作为自己的责任。做事情时，一定要想一下是否对得起自己所担任的官职。我不知道你的这件衣服是从哪里来的，所以不敢接受，特地退还给你，以免玷污了名声。

邝埜在接到父亲寄还的衣服后，捧读父亲的来信，不禁泣下，立即跪下又诵读了一遍，以示接受父亲的教诲。

邝家的清廉家风，使邝埜与父亲在为官、做人之上皆保持了惊人的一致。在现代官场中，如邝埜一般拥有清廉家风的官员也并不少，曾任某市委常委、政法委书记的张某便是其中典型。

张某的父亲曾是某市委组织部的一位处长。在张某少年时，恰逢 20 世纪 60 年代初的"三年困难时期"，张父非但没有利用手中权力为家人争取一丝利益，反而将家从生活便利的市区搬到了郊区，因为在郊区地方大，可以在房前屋后种点粮食和菜维持生活，减轻国家负担。在这样的环境中，张某学会了担当、节俭和忍耐。

在张某中专毕业时，正值知识青年"上山下乡"运动，张某最小的弟弟符合留城条件，只要当时已经担任区里领导的父亲在有关文件上签个字就行。可父亲不签，说下去锻炼锻炼有好处。

20 世纪 80 年代初，张某的小弟回城后成了工人。由于身体不佳，无法承受繁重的体力劳动，经常病倒，便给哥哥写信，希望当时已是副市长的张某帮忙换份工作。没有想到的是，哥哥与父亲一样，也是坚持党性原则的人，同时话说得更不好听："没出息，路是自己走的，靠别人算什么能耐？没有本事，给你个再大的官也得下台！"

后来，张某的大妹妹为此事专门找他说情，但张某毅然拒绝："家里的事，怎能跟人家开口？"其大妹一腔委屈地回去后，又给哥哥写了一封动情的长信，希望他可以帮弟弟的忙。张某心里难过不已，但依然不肯动用手中权力帮助家人走后门。

20世纪80年代中期，张父曾想要托自己党内的关系，给小儿子换份轻松的工作，但张某却开导父亲："我们不能让别人为难。"等父亲回到家以后，张某又给父亲打电话嘱咐他，千万不可放弃党性原则。而父亲也理解儿子，最终没有向他人开口。张某家里，有一句话使用频率颇高："张某不让。"他不让亲人、熟人以他的名义办任何私人或小团体的事情，凡是自己家里的事情，无论大小，他都不让找单位。长此以往，大家心照不宣，也就不找他办事了。

虽然单位为了方便他工作而专门派了车，但张某从来不让妻子、孩子坐公家车。只有一次，当他年迈的父亲离开沈阳时，他由于工作忙，没有办法专送，才同意司机将老人家送到汽车站，并将汽油钱交给了司机。

张某的一儿一女虽然已毕业，却皆未找到正式的工作。张某说："儿女的事要靠他们自己努力，我希望他们真正能独立自主。"他所说的"独立自主"有两层含义：他绝不对儿女施以援手，也不允许别人帮忙。他总是不厌其烦地告诉孩子："爸爸的权力是人民给的，是为人民办事的，用来办私事就是假公济私。别人帮忙也不行，那些人和我都是通过工作关系交往的，谈工作可以，办私事不行。"他和儿女说得最多的一句话是："你们在外面别说自己是我的孩子。"

在领导干部的岗位上工作很长时间，张某始终与父亲一样，未用手中权力为自己与家庭办过一件私事。他常说："我们当领导的，不是做官，是做公仆。"我们的权力是群众给的，应该用来为人民服务，而不是为家属、同学、朋友办事——这是张某的为官原则。

好的家风是可以传承的，就像一坛老酒，历久弥香。对亲人有关爱之心是建立和谐家庭的必要条件，但"爱之必以其道"。治家不严，在小问题上任由家人胡作非为，在大问题上对他们包庇纵容，利用公权力为整个家庭创利，不仅会毁了自己，也会毁掉整个家庭。

2016 年 10 月 16 日，《中国纪检监察报》刊文《亲情不是贪腐的借口——为亲属谋利违纪问题扫描》，该文令人警醒，发人深思："真正的手足之情是在寒冷之时能互相摩擦取暖，是在一只手要去抓'高压线'时，另一只手及时将其拉住，并使劲拍两巴掌以示警醒，而不是一只手为另一只手戴上手铐。领导干部当谨记，'恋亲不为亲徇私，念旧不为旧谋利，济亲不为亲撑腰'方是正道。"

全篇报道中，列举了多起领导干部因子女、家庭甚至是家族牟利而贪污腐败的典型案例。每一起案例中，都透露、折射出了扭曲的错爱与亲情。每一起真实发生的案例其实都是一种现实的警示：身为一名共产党员，身为党的领导干部，亲情绝不可突破法纪的范畴任意地释放，而法纪也不会容忍权力在亲情的名义之下恣意妄为。被亲情冲昏头脑，对亲人的不合理要求来者不拒，视党规、党纪为儿戏者，最终必然会付出沉痛的代价。

亲情绝非公共权力与个人情感混杂不清的肆意表达，领导干部若搞不清楚这一点，将"权力"与"亲情"混淆，使"权力亲情化"，模糊"权力"与"亲情"的界限，便必然会使公私界限混淆，无形之中，心中的廉政意识也会逐渐被亲情所腐蚀，内心的法纪防线被突破。也正是因为有了"亲情大于法纪，亲情代替制度"等多种错误的想法，一起起"贪污父子兵""一窝贪"的悲剧才会反复发生，在这些违法乱纪案例之中，亲情成了领导干部的"致命软肋"。

我们要意识到，亲情并不只有"以贪求利"才能实现。其实，儿女情、手足情、夫妻情，这些都是弥足珍贵的情感，如何处理好这些亲情关系，值得每一位领导干部去自省。领导干部只有时刻记住法纪高悬，不断提醒自己树立起正确的亲情观，真真正正地将个人感情与党纪国法分清，把国家、集体利益与家庭、个人利益分清，才能在亲情、利益之中保持清醒的自我，而不是等到落马以后才醒悟追悔，这种结局和代价不论是对自身还是对家庭都太过沉重。

家风清明澄澈，则家庭清正廉洁。只有领导干部守住自己看似无情、实则深情的好家风，才能成就自己不向恶势力与不法分子屈服的正直脊梁。也只有以廉洁好家风树立起廉洁的作风、党风与政风，才能让家人自重、自律、自警，守好家庭这片"心灵港湾"。

（三）家风败坏是官员腐败犯罪的重要原因

古代家族制度中，往往是由族长、家长等处于优势伦理地位的人将自己的思想与文化传递给子女。但如今，知识更新、思想更替的速度都非常快，除了父母影响子女以外，子女对于父母也产生着一定的影响。这种在家庭氛围中因相互沟通、一起生活而形成的家风，使家庭成员之间相互影响、相互作用。在这种前提之下，领导干部与父母、妻子、儿女互动的具体方式影响着领导干部的行为。那些对家庭成员约束较严格者，往往会养成良好的家风，而那些受到妻子、儿女不良行为影响较大者，往往会发展为腐败官员，并最终因为家风败坏而殃及全家。

根据腐败官员与其家庭成员之间的犯罪主导关系，其犯罪行为可分为主动型与被动型两种。

主动犯罪型官员即官员在从事腐败行为的过程中，把其家庭成员拉进来。尽管家庭成员有时是主动参与的，但是最初腐败行为的主导者是官员本身。这其中，又可分以下两种：

一是家庭成员参与受贿过程。有的官员碍于自己的身份、地位，自己并不出面接受贿赂，而是指使自己的家庭成员实施具体的行为。

二是亲手安排子女的事宜。有些领导干部会直接接受贿款，并利用这些贿款安排自己的子女出国。

有些领导干部利用自己手中的权力安排孩子升学，有些领导干部为自己的子女甚至是其他家庭成员安排工作，还有一些官员让家庭成员经商，而干部本人再利用权力寻租使其进一步得利。

被动犯罪型官员即那些平日里工作一向清廉，但因为自己家庭成员中有人被不法分子拉下了水，自己也不得不以身试法的官员。对于这些腐败的领导干部来说，他们的家庭成员就如同伸向社会的一个个触角，这些触角在不法分子的利用之下成了污染之源。随着家庭成员的被污染，整个家庭也随之受污染，进而使原本清廉的官员一步步走上了腐败之路。有时候，这些家庭成员不仅自己受贿，还会对这些官员进行劝说，使这些官员最终放弃清廉为官的原则。某省高级人民法院原院长吴某便是这样堕落的。

执法 20 多年来，吴某处事谨慎内敛，在仕途上蹚过了许多险滩恶水，却最终在即将退休之时迷航翻船。在吴某不知情的情况下，其妻收受了他人的金钱，他的义子也是事先接受了他人的金钱，再向他汇报。身为掌权人的吴某最初的反应是愤怒，他的妻子却振振有词地给出了自己收钱的理由：吴某身居人民法院院长之位，自己一家人的居住与生活的条件却连普通百姓都不如，再者，吴某已年过 58 岁，此时是他仕途的最后一站，应该利用权力收点钱防老。

在这种所谓的"诱之以利，动之以情"的夹攻之下，原本被称为"儒雅法官"的吴某最终在思想上发生了巨大变化，并走上了犯罪的道路。

从妻子劝说吴某本人的内容来看，这种心理其实是官员出现腐败行为的最普遍心理：59 岁时，个人即将退休，掌管多年的权力即将归还于党和人民，可反观自己为党做了一辈子的贡献，周围比自己强或比自己弱的人都过着更好的物质生活。不正当的比较带来的是官员与官员家庭成员的心理失衡，在这种心理失衡的作用之下，官员即将上交的权力成了他们眼中最后获得利益的工具，于是，"此时不捞，更待何时"的想法自然而然地出现。怀着这种心理，许多领导干部以身试法，在卸任前利用手中的权力贪污受贿，致使其晚节不保。

晚节不保其实是一种必然：原本清廉的官员突然开始贪污，多半是怀着侥幸心理的，他们看到有的干部贪污却"平安无事"，甚至有"全身而退"的可能，以为在自己身上时也会如此，法律之剑绝不会落到自己的头上。但殊不知，法网恢恢，疏而不漏。莫伸手，伸手必被捉。

可见，家风败坏是两种犯罪类型产生的根本性原因。主动犯罪型官员腐败行为的主导者是官员本人，由于碍于自己身份的特殊性不便亲自出马，便指使家庭成员实施具体行为，但也不排除亲自上阵。这种犯罪类型中，官员不能对自己进行严格要求，很难相信他能严格约束家人，形成优良的家风。被动犯罪型官员之所以受到家人的不良影响，主要原因还是在于其平常不注重对家人的教导和管束，使家人法治意识淡薄，能够轻易被不法分子"围猎"，随着家人被污染，进而使原本清廉的自己如同"温水煮青蛙"，一步步被家人拉下水。

因此，领导干部要修身自律，自觉远离低级趣味、远离市侩庸俗、远离腐化堕落，追求健康向上的生活方式，做到不仁之事不做、不正之风不沾、不法之事不干，时刻遵从内心的良知、坚守道德的底线，切实筑牢抵御腐败的心灵防火墙，同时还要管好家人，教好子女，认识和处理好亲情观，摆正"情"与"法"的位置，明白严管才是厚爱。

当然，要形成优良的家风环境，不仅要依靠领导干部本身的自律和其身体力行对家人的教导，家庭成员对领导干部的影响也起到关键的作用。所以，家属反过来也应学习廉洁自律知识，加强自己的道德修养。领导干部的配偶要常敲"廉政钟"、念好"廉政经"、永唱"正气歌"，担当帮助领导干部廉洁从政的"监督员"；子女要树立起自立的观念，摒弃父母的光环效应，和父母一起端正对腐败问题的认识；领导干部的父母要督促子女抵制腐败诱惑，严防他们对自己的孝敬"变质"，这样才能形成相互教育、相互警示、相互监督的优良家风，筑牢家庭拒腐防变的坚固长堤。

三、好家风带动好政风

（一）领导干部要成为群众的风向标

"榜样是看得见的哲理"，中国共产党代表先进文化的前进方向，除了体现在党的基本理论、基本路线、基本纲领和基本经验之外，还要靠领导干部的示范表率作用来引导和带动。正如邓小平同志曾经说过的那样："党是整个社会的表率，党的各级领导同志又是全党的表率。"①

领导干部既是社会主义先进文化建设的指导者、组织者，又是践行者、示范者，他们的一言一行都会成为身边群众确立理想信念的旗帜、提升道德品行的楷模。反之，如果领导干部道德缺失、品行低下、形象不佳，就会使群众产生迷惘、困惑和失望情绪，降低自身的道德要求，进而出现"官德毁而民德降"的社会现象。近年来，我国出现的诚信缺失、道德滑坡等问题，其原因固然较多，但与一些领导干部存在的理想信念动摇、宗旨观念淡薄、精神懈怠、道德缺失有着较大的关联性。

领导干部有责任也有义务做好群众的"风向标"。中国共产党是中国工人阶级的先锋队，同时是中国人民和中华民族的先锋队，是中国特色社会主义事业的领导核心。它是由中国工人阶级的先进分子组成的。作为中国工人阶级的有共产主义觉悟的先锋战士，中国共产党党员的义务之一是"贯彻执行党的基本路线和各项方针、政策，带头参加改革开放和社会主义现代化建设，带动群众为经济发展和社会进步艰苦奋斗，在生产、工

---

① 邓小平：《高级干部要带头发扬党的优良传统》，《邓小平文选》第二卷，人民出版社 1993 年版，第 216 页。

作、学习和社会生活中起先锋模范作用"①。

群众看党员，党员看干部。党的领导是通过具体的路线、方针、政策来体现的，而我们的干部是党的路线、方针、政策的具体执行者。可以说，领导干部的一言一行对社会具有重要的导向作用，每个干部都要清醒地认识到这一点。

面对市场经济条件下人们价值多元、思潮交织、意识形态复杂的环境，只有切实加强领导干部道德建设，使领导干部充分地树立起充当"风向标"的意识自觉与行动自觉，以建设社会主义核心价值体系为重点，珍视和挖掘我国丰富的伦理道德资源，在传承的基础上创新，从家风建设开始夯实干部价值追求的道德之基，使之成为引领社会主义先进文化前进方向的重要引擎，推进社会主义文化大发展、大繁荣。

1. 夯实家庭诚信基石，打牢立身根本

"诚"即诚实、忠诚、真实无妄，是对虚伪、奸诈、狡佞的否定。一切美好的道德行为都源于"诚"字，无诚则无以修德，坚守内心的真诚，人的道德修养就能达到博厚、高明、宽远的境界。德国诗人海涅曾经有一句名言："生命不可能从谎言中开出灿烂的鲜花。"每一个人只有内心诚实，才能善待父母、善待朋友，进而使整个社会呈现出和睦的氛围。因此，诚信既是一个人的立身之本，也是一个民族、国家的生存之基。

自古以来，"诚"就是备受中华民族推崇的一种人格境界。以诚待人、以诚待民，这一道理在中国古代曾经被反复提及。西汉的韩婴在《韩诗外传》中说："与人以实，虽疏必密；与人以虚，虽戚必疏。"与之相应，清代的金缨在《格言联璧·处事》

---

① 《中国共产党章程》第三条。

中说道："以真实肝胆待人，事虽未必成功，日后人必见我之肝胆；以诈伪心肠处事，人即一时受感，日后人必见我之心肠。"

欲修其身者，就必须先正其心，诚其意。只有诚信的人，才能心智清明，择善而从。这些先贤的话语皆要求我们特别是代表政府形象的领导干部，在待人处事上要用心、要真诚。

与民众拉开距离的政府是难以得到人民的信任与拥护的，失去群众信任与拥护的政府必被人民抛弃。从这一点上来看，领导干部的诚信超越了个人诚信的范畴，具有社会属性——它在一定程度上代表的是党与政府的公信力：领导干部要带头讲诚信，树立诚信的家风。这样，政府与群众才能亲密无间，将人民群众的利益放在首位，才能获得群众的真心信任和拥护，成为人民群众发自内心认可的政府。

如今，一些领导干部在"诚"与"信"上并未发挥好示范带头作用。"数字政绩"之下，学生"被就业"、老百姓收入"被增长"、生活"被小康"、幸福指数"被扩大"……对于这些失信于民的领导干部而言，说假话、编假数字、造假政绩他们都信手拈来。还有些领导干部则喜欢对下空表态、搞忽悠，到处许诺而不兑现，群众找上门来则一躲二推三训斥。此外，更有些领导干部家庭成员对周围群众八面玲珑，见面拍肩膀、只说三分话，背后嘀嘀咕咕、搞小动作、拉小圈子……种种不诚信现象背后的本质，其实是家庭诚信教育未能做到位而导致个人道德出现问题。领导干部与其家人不诚信就是对人民群众的不负责任，若不认真加以纠正，听任其发展蔓延，则必然会损害党群关系和干群关系。

其身正不令而行，其身不正虽令而不从。政府构建诚信社会，领导干部有责任、有义务当好表率，只有真真正正地在正家风过程中做好家庭诚信教育，使自己与家人做到言必信、行必果，以诚信促发展、用诚信换民心，不断夯实社会诚信"基石"，才能对内增强凝聚力、对外增加吸引力。

2. 私下宽厚待人，用宽容换取民众信任

宽厚是中国传统文化的基本精神之一，《国语》讲"唯厚德者能受多福，无德而服者众，必自伤也"，无法做到宽厚，即便有福也不能承受。宽厚是一种美德，你的宽厚释放得越多，你便越容易获得尊重。宽厚更是一种大智慧，其在道德上所产生的震撼比严厉的责罚要强烈得多。

儒家有语："律己当严，待人当恕。"对他人的宽厚其实是对自我人性的升华，不计前嫌可以换来理解、换来和睦，在滋养家风的同时，又为自己赢得了人际支持，而耿耿于怀只会让人与人之间的距离越来越远。宽厚是一种心境，更是一种胸怀，这样的胸怀能够在海纳百川的同时，做到虚怀若谷。对于领导干部而言，宽厚是做好本职工作、赢得群众信任的个人品质之一：唯有具备宽厚的品性，群众才会放心，才会发自内心地拥护你、支持你。

一名称职的领导干部不仅要有这样的宽厚胸怀，更要在培养家风的过程中将这种宽厚的品质传递给家庭中的每一位成员，以形成宽厚的家庭氛围。唯有在宽厚的家庭氛围中，个人才能保持身心健康。

袁采在《袁氏世范》中说，亲戚骨肉失欢，因为小事导致纷争，致使终生不和，多是因为争吵之后互相斗气，无法放下面子造成的。朝夕相处，不可能没有摩擦，有了摩擦以后，只有心平气和地与对方讲和，才能彻底地消除隔阂，和好如初。处理社会人际关系更是如此，领导干部更应注意这一点：由于自身代表的是党与政府的形象，个人待人接物时的态度，往往决定着群众对政府的印象。因此，哪怕真正与人有纷争，也应如《菜根谭》中所说的一样："处世让一步为高，退步即进步的张本；待人宽一分是福，利人实利己的根基。"

俗话有"官升脾气长"一说，这种现象在现实生活中普遍存在：一旦成为官员，个人便难免会有架子。但越是官架子摆得厉害，其在群众中的威信便越低，而反观那些没有架子、宽厚待人的领导干部，反而越能够赢得群众的信任与支持。那些拥有宽厚胸怀的人因为赢得了人心，往往可以走得更远。

儒家宽厚待人的态度不仅是人际和谐的润滑剂，更是领导干部做好本职工作的关键。当今社会条件下，一方面，人与人之间的联系日渐紧密，人际交往更加频繁；另一方面，社会成员更加追求个性化，生活方式与意见表达模式日渐多样化。在处理矛盾、深入人民群众中时，领导干部就更需要秉持这种宽厚待人的态度。只有秉持着这种态度，领导干部才能在干群之间增进友好、促进和谐，引导群众养成良善的品德，形成友好的社会氛围；而只有在友好和谐的基础上，领导干部才能做好本职工作，真正做好党的代言人。

3. 善待邻里，从生活点滴中树立起亲民形象

《孟子·滕文公上》中对邻里关系有这样的解释："出入相友，守望相助，疾病相扶持，则百姓亲睦"。孟子的这几句话实际上是对健康邻里关系的描述。

人是社会性动物，这就决定了我们无时无刻不与他人相处，而家庭也体现了这种社会性，它存在于社会中，存在于邻里的交往之间。一个家庭如何待人接物，反映的是这个家庭的家风与家庭面貌。因此，怎样处理好邻里关系，自古以来都是文化

建设的重要内容。

邻里关系是一个家庭与邻居以及其他家庭之间的关系，虽然彼此间并不一定有血缘关系，但是在人际交往中却必不可少，邻里的种种关系是不可避免的。邻里关系和睦融洽，不仅可以创造一个和谐的小环境，有利于各自家庭成员保持心情舒畅，而且在特定情境中还可以为各自的家庭排忧解难。相反，不和谐的邻里关系，则会制造生活中的紧张气氛，平添许多麻烦。

我国传统文化极为注重以道德与伦理调节人与人之间的关系，这些关系中便包括了邻里关系。古语云："亲仁善邻，国之宝也。""救灾恤邻，道也。行道有福。"古人认为与人为善是为人处世之原则，善待自己的邻居、及时行善之人才是真正有福的。因此，中国古代家训、家风十分重视家庭与乡邻的关系。不少官吏或学者的家训在治家之道的叙述中，大都谈及了如何处理好邻里关系的问题。

被朱元璋赐以"江南第一家"美称，并在此后屡受旌表的郑氏家族，因其孝义治家的大家庭模式和传世家训《郑氏规范》，在中国传统家训教化史上具有重要地位。《郑氏规范》载："和待乡曲，宁我容人，毋使人容我。"乡曲就是乡邻，这句话便是在强调，对乡里要有容人之度，包容乡里，自己努力做好自己该做的，不要让别人以一种包容的态度来待我。《郑氏规范》这种观念背后所反映的是儒家所讲的"忠恕之道"，即"己欲立而立人，己欲达而达人"和"己所不欲，勿施于人"。明代著名思想家高攀龙在《高子遗书》中专门告诫子弟要平等对待乡邻，不能因为对方贫困弱势、己方富贵强势就欺负邻里。

现今社会，邻里社交陌生化影响了构建和谐社会、和谐的社区，而和谐的社区又必须由和谐的邻里来组建。对于当下我们所面临的邻里陌生化问题，《郑氏规范》所体现出的思想与方法，仍然拥有极强的可借鉴性。

事实上，若每一位领导干部都能够主动发挥居民与政府相互沟通的桥梁作用，在与邻里交往的过程中以善、诚、真来对待他人，在生活上与邻里相互扶助，在情感上相互慰藉，便可有效地在生活中树立起亲民形象。领导干部只有真正地以身作则、纯正家风，在遵循社会公德上当好表率，在平日生活细节之中爱护邻里，以自己的一言一行感动身边人、带动身边人，才能将中华民族传统美德发扬光大。

（二）防微杜渐，在家庭生活中消灭不良政风苗头

党政干部治家必须"防小"。从大量已揭露出来的违纪违法案件来看，很多官员在一开始时并非腐败分子，而是因家庭之堤泻漏。有时只是爱人的想法出现动摇，有时只是子女与他人吃了一顿饭，腐败就此打开了缺口。从善如登，从恶如崩。贪"小"多了，就想贪大，就会上瘾。因此，党政干部治家一定要在坚守底线上下功夫，将家庭生活中的不良政风苗头扼杀在萌芽状态。

1. 家风不正，根源在领导干部本身

从近年来查处的一些案件中可以看出，那些出现"父子贪""受贿夫妻店""一家贪"等现象的家庭，之所以会家风不正、家教不严，关键在于领导干部本人的政治素养低下。而那些原本清廉的领导干部之所以会被家人、朋友或者别有用心之人拉下水，最终导致家族式腐败，关键就在于个人没有了目标，失去了理想信念。这两种情况都是因为领导干部本身的思想出

了问题。

两千多年前，《韩非子·外储说右下》中讲述了一个"公仪休相鲁"的故事。

公仪休很喜欢吃鱼，当了鲁国的相国后，全国各地很多人送鱼给他，他都一一婉言谢绝了。别人问他："先生，你这么喜欢吃鱼，别人把鱼送上门来，为何又不要了呢？"他回答说："正因为我爱吃鱼，才不能随便收下别人所送的鱼。如果我经常收受别人送的鱼，就会背上徇私受贿之罪，说不定哪一天国君会免去我相国的职务，到那时，我这个喜欢吃鱼的人就不能常常有鱼吃了。现在我廉洁奉公，不接受别人的贿赂，鲁君就不会随随便便地免掉我相国的职务，只要不免掉我的职务，我就能常常有鱼吃了。"

汉代刘向对此这样概括："受鱼失禄，无以食鱼；不受得禄，终会食鱼。"在公仪休的思想影响下，当时"奉法循理。无所变更，百官自正。使食禄者不得与下民争利，受大者不得取小"。这个故事告诉人们，坚持正确的思想观念和思维方式，正确对待眼前利益和长远利益，有助于官员正确行使权力而不滥用。

现在有些干部缺少这种思想观念和思维方式，只看到眼前的利益而忘记了长远利益，做出损害党和国家利益的行为。一些案例表明，有的干部面对富起来的那些人心理不平衡，于是就"靠山吃山、靠水吃水"，抱着侥幸心理，利用权力谋取私利，一旦东窗事发又后悔不及。

贪官们的悔恨心理是共同的、普遍的。他们为什么会后悔呢？使他们的心灵真正受到震撼的，是他们在受到惩治后才发现，原来自己魂牵梦绕、孜孜以求、费尽心机而贪占的金钱、美色和其他种种好处，最终竟是那么不堪。

我们今天强调树立马克思主义人生观、价值观、权力观，这是比"尚名节而不苟取"更高的思想境界。有了这种境界，不仅会自觉地远离腐败，而且会主动地同腐败做斗争直至战而胜之。其实，不论是功利境界、道德境界还是科学境界，只要能够帮助干部远离腐败，都是值得提倡的。

对于领导干部来说，想要树立起廉洁、优秀的家风，还必须加强自身作风建设。"作风是无形的力量。"领导干部的作风好，才能带出一家人的好作风，带出一个清正廉洁的好家风。

湖北省政协原主席沈因洛在职57年，一直把规矩、纪律挺在面前，对自己与家人都严格要求，从未动用自己手中的权力为家人谋过一点好处。家人对于他的"一寸不让"，从没抱怨过，并且都表示"党员就应该像他这个样"。"人不率，则不从；身不先，则不信"，沈因洛用自己的优良示范与对家人的严格要求，换取了家人的尊重与群众的信任，建立起了好家风。

因此，领导干部在引导、纠正家风走向的过程中，一定要重视自身的示范作用，不断地加强个人的党性修养、提升道德境界。这不仅对于干部本人坚定理想信念具有重要作用，同时更是领导干部弘扬良好家风、不断增强抵御家风不正的思想与行动之基础。

2. "端内教"，请爱人去"官念"

想要培养良好家风，领导干部不仅要做到自己不搞特权、不以权力谋私，同时还要严管家属特别是配偶不搞特权，这与配偶在家庭中的重要性密切相关。"一代有好妻，三代有好子。"在官员忙于本职工作时，女性作为妻子与母亲，往往引导与决定着一个家庭的整体氛围，而这也正是在家风建设过程中领导干部"端内教"的主要原因。

不少群众习惯将领导干部称为"官员"，这些"官员"或许自身思想关把得严，但配偶却很可能缺乏政治思想方面的学习，而在旁人的逢迎吹捧之下产生了"官念"：以为丈夫是官，自己便是"官太太"，事事追求高人一等，总是想通过丈夫的职位"捞一把"。审视近年来出现的官员腐败案件便能发现，有不少领导干部的妻子"官念"重，插手了自己不该插手的事情，从而使自己变成了"贪内助"，并慢慢将原本廉洁的丈夫拖下污水，最终"夫妻双双把牢蹲"。如江苏省连云港市某县县委原副书记、县人大常委会常务副主任王某和妻子张某便是典型代表性人物。

张某和其丈夫王某都是通过个人奋斗改变命运的代表，两人皆出身农家，凭借自己的努力成为政府公职人员。但随着丈夫的官帽越戴越大，张某渐渐飘飘然起来，并变得爱慕虚荣。听着身边人谈论房子、车子、票子，张某觉得自己与丈夫活得太寒酸。

越是这样想，思想便越走下坡路，越想赚"快钱"。张某悟到的致富"新路"就是趁着丈夫在位之时，狠狠地"捞"上一把。王某在担任常务副县长期间，分管着城建、土地、交通等炙手可热的重要部门，自然有许多人期望利用他手中的权力"分一杯羹"。

原本，王某在公事上根本不存私心，但张某思想上的转变将他的处境变得极其危险。妻子凭借丈夫的权势，空手套白狼地开起好几家店，自己赚了个盆满钵满——枕边人的吹风，让他日渐迷失，最终与妻子一起陷入了"物质生活享乐化、精神生活颓废化、家庭生活逐利化"的泥沼。

后来，王某被市中级人民法院依法以受贿罪判处有期徒刑14年，张某也因犯受贿罪被判处有期徒刑11年。两人在审判结果下达后后悔莫及，王某直言，没有管好妻子，是自己人生的一大败笔："教育和管理妻子方面的问题，总结起来有三个：一是出于对妻子的感激和高度信任，家中的大小事情特别是钱的问题都由妻子统筹安排；二是片面迁就妻子，是非不分；三是劝诫只停留在口头上，没有落实在行动上。"

这类官员与爱人共同贪腐而受惩的事情让人深思，夫妻本应是共同进步、一起提高的"同林鸟"，却在犯罪道路上成了"同案犯"，何其可悲。领导干部重视亲情、爱护妻子可以理解，但若在亲情面前丧失了原则，将亲情与个人利益凌驾于国法党纪之上，利用自己手中的权力，或主动与妻子一起受贿，或默许妻子以己之名贪污受贿，那么，等待他的，必然是法律的制裁，政治上的身败名裂，经济上的倾家荡产，思想上的后悔莫及。

由此可见，"端内教"之家风是领导干部清廉自爱的重要途径。只有在家庭中，夫妻二人经常互吹自律的"枕边风"，经常敲廉政的"木鱼"，丈夫在外做好官、做清官，妻子替丈夫在家把好"关"、守好"门"，廉政建设才会更有成效，领导干部的家庭才会远离贪污腐败之泥潭。

其实，"端内教"的家风由来已久，清代官员曾国藩留传下来的家教思想中，"端内教"便是一项极其重要的教育。在给儿子们写的信中，曾国藩指出："凡世家之不勤不俭者，验之于内眷而毕露。余在家深以妇女之奢逸为虑，尔二人立志撑持门户，亦宜自端内教始也。"其意指，世代富贵之家是否勤俭，只需看一下家中女眷的表现便可知晓。想培育出良好的家风，就必须从"端内教"出发。

家风不正，便会贪欲丛生；内教不严，腐败便有机可乘。

"贪内助"产生的根本原因，是领导干部的家庭教育存在盲区，而社会监管又存在空当，在五光十色的物质诱惑之下，原本的"贤内助"价值观受到冲击，进而由家庭内部产生了腐败。没有"枕边人"的正能量供给，失去了良好家风的熏习，官员便很容易拜倒在诱惑面前，从而屈服于自己的欲望。

若领导干部能够在平日里对妻子多加引导，时刻不忘高悬在头顶上的党纪国法高压线，以自己的实际行动去影响配偶，让爱人去除"官念"，扎紧篱笆，守好"后院"，便能在营造家庭幸福环境的同时，筑牢家庭廉政防线。

3. 莫侥幸，坚决在家中抵挡"就这一次"

近年来，大大小小的贪官纷纷落下马来，这种现象往往会引发人们的叹息与疑问：对于这些能够走向领导岗位、被国家委以重任的人，为何明知自己触犯了党纪国法，还要一意孤行走到底？

透过贪官们的人生轨迹和蜕变过程，我们不难发现一个共同的特点：面对形形色色的诱惑，他们不是理智地加以拒绝，而是以侥幸的态度，竭力对自己放任与纵容，玩弄"掩耳盗铃"的拙劣把戏，最终被金钱、权力、美色牢牢地套住。

其潜台词大致有二：一曰"就这一次，下不为例"。面对第一次贿赂，他们也曾心有余悸地劝告过自己，在"拒绝"与"接受"之间犹豫过，然而利益的驱动最终使那些立场不坚定的分子欣然"笑纳"了。自私与贪欲的大门既然打开过，就一定会留下难以弥合的缝隙，日后变得开关自如，畅通无阻。行贿人看中你手中的权力，为了得到更多的帮助，换取丰厚的利益，第一次行贿后，必然会有第二次、第三次……并不断变着法子向你表示，而"就这一次，下不为例"的初衷，只不过是一块临时的遮羞布。

二曰"这人很可靠，不会有事的"。不错，有求于你的人大多以亲朋好友、"铁哥们儿"等名义，与你拉关系、套近乎，取得你的信任后，再向你行贿，一副恭维虔诚的样子，足以使你认为他绝对"可靠"，就连你不曾想到的细节和一点点疏忽，也会帮你打点得非常周到。殊不知，随着时间的流逝、情况的变化、法律触角的延伸，到头来，你认为"很可靠"的人，说不定正是让你走向毁灭的"掘墓人"。

的确，每个人都处在各种各样的社会关系之中，如何才能规避人际交往之中世俗、庸俗乃至于功利、丑恶的一面？这就需要领导干部在私生活中严守底线，坚决抵制"就这一次"式的侥幸心理。

山东省济南市市中区人民法院刑事审判庭庭长吕清承认，工作中要完全禁绝别人"说情"是不现实的。多年的工作让她悟出一个道理：只要不贪，就没有推不了的人情。所以，她有一个原则，凡是涉及案件的问题，当庭可以充分沟通，庭外还可以电话交流，但绝不能带上饭桌，更不能干出"酒杯一端，政策放宽；筷子一举，可以可以；酒足饭停，不行也行"的事。

毋庸置疑，当个人感情同党性原则、私人关系同人民利益相抵触时，作为人民公仆的领导干部必须毫不犹豫地站稳党性立场，坚定不移维护人民利益。然而，现实中偏偏有一些领导干部在生活之中罔顾国法党纪，最终选择了照顾人情。有些法官被人情干扰而枉法，到头来法官变成了"被法办的官"。教训不可谓不深刻。因此，领导干部于情于理，都必须向家属告知人际交往中需要注意的方面，使家属帮助自己认真面对和妥善处理各种危机。下面就是一个典型的事例，值得每一位领导干部家属学习和借鉴。

李慧（化名）的丈夫是江西省某乡乡长，她为帮丈夫过好人情这一关绞尽了脑汁，费尽了心思。李慧是当地建设银行唯一的一级柜员。作为一名乡长的妻子，她洁身自好，与家人一起营造了清正廉洁的家风，为从政的丈夫筑起了一道廉洁自律的家庭防线，成为人们称颂的对象。她虽然过着十分朴素的生活，却在两年的时间里为丈夫抵制"红包""礼品"45次；她天天与钱打交道，却与丈夫一起时时警惕钱财"恶"的一面；她为了丈夫的清正廉洁，不惜得罪老家的亲人。

由于丈夫所工作的地方与他的老家毗邻，老家找他"帮忙"的人络绎不绝，李慧总能管好家门，不让腐败和不正之风"刮"进来。一次，丈夫老家一位搞基建的远房亲戚想承包该乡几个村的水泥路建设工程，特意带着一些土特产找到他家里，要求帮忙，并放下一个装满厚厚一沓钞票的信封。李慧立即追上前去退给了他，对方却一脸笑意："就这一次，就这一次，也不多，收下吧！"

李慧立即拉下脸认真地说："你是亲戚，一家人不说两家话，我就直说了：你这不是把他往火坑里送吗？你手续具备，想承包工程并不难，不送钱他们班子照样会考虑，你一送钱，哪怕一次，也是给咱们自己人下绊子。"

后来，这位亲戚以微弱劣势与项目失之交臂，而他从此以后就再没进过李慧的家门。

李慧之所以能严把家门，是因为她首先守住了自己的"心门"。现代社会到处充满诱惑，充满陷阱。李慧认识到丈夫作为一个乡长，面对的诱惑很多，稍微放松警惕，就可能堕入泥潭不可自拔。只有时时敲响警钟，使丈夫绷紧廉洁这根弦，才能真正做到"常在河边走，就是不湿鞋"。为此，她经常将电视、报刊上的腐败案件说给丈夫听。夫妻双双守住了"心门"，这才能在各种诱惑下保持清醒头脑，自觉抵制贪腐之风。

2002 年，该乡修建 7.5 千米长的水泥公路，投资 260 多万元，对于一个贫困乡来说，这是一个巨大的建设工程。由于该段路路基较差，前几次修的路没过多久，就破烂得几乎不能行车，当地村民对此颇有非议，私下常把这条路称为"腐败路"。

水泥路重修在即，一个承包商带着厚厚的红包找到乡长，被乡长一脸正气吓得不敢拿出来。后来承包商又几次找到李慧，李慧也没有给他们送礼的机会。承包商见贿赂不成，知道乡长真是铁了心要抓工程质量了，他们就自觉地用高标准严格落实施工质量。竣工验收时，公路工程被鉴定为省级优质工程，也被群众誉为"廉洁路"。

如此看来，在私生活中保持清醒的认知，对于领导干部与其家属的家风建设而言，有着至关重要的作用。

侥幸，是产生罪恶的祸根；侥幸，是步入歧途的跳板。心存侥幸，视党纪国法为儿戏，放纵自己在思想上、政治上、生活上的不检点，只能助长贪欲的恶性膨胀，最终在违法犯罪的道路上越走越远，深陷泥沼而不能自拔。纸是包不住火的，若要人不知，除非己莫为。做人要有准则，从政讲究操守，一切玩弄权术、疯狂聚敛钱财的腐败分子，不论伪装得如何巧妙，也不论是大贪、中贪和小贪，法网恢恢，疏而不漏，所有的侥幸和幻想都是徒劳的。由此来看，领导干部在家风建设之中强调"莫伸手，伸手必被捉"的思想，让家人杜绝"就这一次"式的求助，是杜绝贪腐发生的必要手段。

4. 别被礼尚往来的幌子迷了眼

基层领导干部常常需要面对这样的选择：是选择严守纪律还是搞人情往来？表面上来看，这是一对矛盾：一方面，身处社会生活中的领导干部不可能不与人打交道，人情往来自然不可避免；另一方面，党规党纪对于党员的人情往来进行了诸多的约束，而《中国共产党纪律处分条例》中更是明确了相关处分的规定。

2022 年 9 月 5 日，中央纪委国家监委对违规收受礼金，接受可能影响公正执行公务的宴请问题等 10 起违反中央八项规定精神典型问题进行公开通报。中央纪委国家监委指出，党的十九大以来，以习近平同志为核心的党中央以钉钉子精神推进作风建设，持续加固中央八项规定堤坝，为新时代伟大变革提供了有力作风保障。但"四风"问题树倒根存，高压之下顶风违纪行为仍有发生。上述通报的 10 起案例就是其中的典型。有的利用过节之机打着人情往来的幌子大肆收受礼品礼金，有的心怀侥幸以隐蔽手段违规接受宴请、旅游安排，有的不知收敛啃食公款，有的政绩观扭曲任性用权。这些问题影响党的形象，损害党群关系，教训极为深刻。广大党员干部要以案为鉴，不断增强党性观念，强化纪律意识，知敬畏、存戒惧、守底线，筑牢拒腐防变的思想防线。①

面对高压反腐不断加强的态势，面对国法党纪的森严壁垒，为何依然有人不知戒止、顶风违纪呢？或许这一案例可以让我们得到一些启示。

某区环卫处党支部书记李某由于违规收受礼品礼金等问题，

---

① 《中央纪委国家监委公开通报十起违反中央八项规定精神典型问题》，http://m.ccdi.gov.cn/content/eb/fe/90005.html

受到开除党籍的处分。李某受贿有一个非常明显的特点：他不收现金，但是，当对方将现金换成加油卡或是购物卡以后，他立即来者不拒。在他的"逻辑"中，收现金是违纪，而收礼品与礼品卡便是"礼尚往来"。

如李某一样有这种想法的人并不在少数。可事实上，他们所进行的真的是礼尚往来吗？

《礼记·曲礼上》曰："太上贵德，其次务施报，礼尚往来，往而不来，非礼也；来而不往，非礼也。"作为一个礼仪之邦，礼尚往来是文化传统，更是表达或者增进情感的重要方式。在传统习惯里，人情往来可以是相互走访探望式单纯的情感交流，也可以是收受钱物，如在节庆或对方办婚丧喜庆等"人生大事"时，赠予礼品、礼金。也恰恰因为如此，在很多领导干部与其家属看来，人情往来接受的东西都与国法党纪不沾边。

更值得深思的是，在重人情、重文轻商的传统观念影响下，人们对赤裸裸的一手交钱、一手交货的权钱"交易"，在心理上会难以坦然接受。而"礼尚往来"的钱礼，往往没有直接诉求目的，不是即时的一对一的请托交换，从表面上看，只是为了表达"情义"，因而具有了道德上的"赦免符"。正是在这种"自我道德化表演"中，一些"想伸手"的领导干部与其家属找到了"合情合理"的借口和心理安慰，忘掉或企图躲避开森严的纪律，在"心安理得"中逐渐破纪、违法。

其实，与其他腐败方式不同，借人情往来之名违规收受的礼金礼品，多有一个非常明显的特点，即与直接请托办事式受贿金相比而言，"礼尚往来"式受贿金额相对要少了许多。而问题也随之而来：对于这些腐败分子与其家属而言，为何大好的前程，竟然抵挡不过小额礼金的侵蚀？为何有些人能够在巨额行贿的请托办事面前站稳脚跟，却逃不过这种小额礼品礼金的牵绊？

这其实与人情往来中的受贿隐蔽性相关。人情的杀伤力在于，它展开的是持续性的攻击，那些带着不良企图的人情往来大多不是一次性的，而是重复、持续进行的。除了婚丧喜庆等此类重大事宜与节假日以外，日常生活中送礼者也往往无孔不入，大至装修房屋、赠送家电，小至送手机交话费、报销汽油费，甚至是为家人提供上学、上班、生活等诸多方面的便利服务，可谓"面面俱到、体贴入微"。

一回生，二回熟。在一次次的表达之中，陌生人变成了熟人，熟人变成了朋友，朋友则更加"亲密"。但是，"礼尚往来"讲究的是"往来"，于是，随着一次次小额"人情债"的累积，"还情"的愿望也就自然而然地出现。而当领导干部无法或者不愿意回报以同等数量的钱物时，公权力就成为"还情"的筹码。对于送礼人来说，长时间的人情"投资"，也就产生了腐败收益。

事实上，无数案例表明，这种别有用心的人情往来，其实是一种心理挟持和精神催眠。他们把每一个家庭都会发生的事情当成切入口：这种普遍性的礼尚往来从家庭生活入手，显得更有迷惑性。与之相对的纪律法律，由于缺少这种经常性、潜移默化的渗透和引导，在人的心理和精神层面上，常常被选择性忽视，加上日常"红脸出汗、咬耳扯袖"也不多见，于是，许多人就从违规收受数量不大的礼品礼金开始，一步步滑向了腐败的深渊。

某县人大常委会原主任于某操办儿子婚礼时，来送礼的人络绎不绝。由于不请自来的人太多，大大超过了预计的人数，摆放的酒桌远远不够用。于是，许多人因为找不到空座，把礼金交完后就匆匆离开。

于某何德何能，能让如此众多的人只为送礼而来呢？他在接受调查时说："在这些人中，大部分是党政干部和企业老板，如果我不是县人大常委会主任，他们肯定不会来。"

这个例子说明，对手握公权力的领导干部来说，即使是自己没有违规收受礼品礼金的主观意愿，一些怀有"各种企图"的人也会主动上门，更不用说那些有意借职务的影响力收受钱财者，只要愿意，自然是"手到擒来"。因此，领导干部必须在家庭生活中管住自己的人情往来，同时更要管住家人的人情往来——这无疑是将公权力关入"笼子"里的应有之义。

对于那些心存侥幸的人来说，虽然国法对于"收受礼金罪""很难从法律上区分正常的人情往来和非法收受礼金"等原因，未能纳入《中华人民共和国刑法修正案（九）》。但是，2015年发布的《中国共产党纪律处分条例》却对领导干部收送礼品、礼金行为予以明确规范，体现了纪严于法，对领导干部的要求更严。

值得一提的是，对于领导干部的人情往来，该条例并不是"一刀切"，而是列出了"负面清单"。一是不能接受"可能影响公正执行公务的特定关系人的礼品、礼金"。对于"特定关系人"，许多地方出台规定予以界定，即党员领导权力范围内的管理和服务对象及其同事、部属等利益相关人员等。二是不能收受"明显超过正常往来的礼品、礼金、消费卡等"。对什么是"明显超过"，则需要地方根据当地经济发展水平进行明确。三是不能借机敛财。正常的人情往来，应该是价值对等的有来有往。如果只是一味的有来无往，借婚丧嫁娶等机会收受礼品礼金，就超出了人情往来的边界，即涉嫌违纪了。对于这些国法党纪内容，领导干部应在日常的生活之中向家人——宣传、讲解细节，使家人明确到底哪些行为是真正的礼尚往来，哪些是变相的"人情腐败"。

国法党纪并非要求为官为政者毫无人情味儿，而是对那些披着人情面纱的违纪行为零容忍。因此，领导干部有必要且必须在家庭生活中贯彻对人情往来不心存侥幸、不放过一点的严谨态度。只有干部本人与家属牢记身上肩负的责任，坚守自己的纪律底线，才能够杜绝那些站在"人情往来"借口下的变相行贿。

5. 慎过节，反复强调"节日即坎"

仔细查看近年被查处的领导干部腐败案件就会发现，过节往往是考验领导干部"节操"与"德行"的重要关卡。若过不了这一关卡，便会跌入腐败的深渊。

有些领导干部虽然平日里可以严格要求自己与家人，可一到节日期间，往往会被一些别有用心之人以"看望领导、关心领导、感谢领导"的"盛情"所迷惑。那些将干部手中的公权力当成目标的行贿者也多会将节日当成"公关"的切入点与突破口，打着"礼尚往来"的幌子，大肆行贿、送礼。

俗语说：吃人家的嘴短，拿人家的手软，收人钱财便要替人"消灾"。行贿之人在节日如此殷勤，无非是看中了领导干部手中所握有的权力。

节日期间收受购物卡、小礼物等看似小问题，却极易成为贪腐发酵的温床。在经济利益的诱惑下，一部分领导干部将节日期间的"人情往来"变为敛财的时机。

例如，某自治区统战部原部长王某在担任职务期间，"创立"了一套"节日经济学"。在其收受的受贿款中，有半数以上是在春节、端午节、中秋节等传统节日前后收取的，而他与家人却对此受之泰然，认为这是"细水长流"的"节日问候"。

对于现代领导干部而言，节日期间的礼品、礼金，看似是情谊，却十分危险。从包、手表、皮带，到字画、珠宝甚至是现金——行贿者想要交换的始终都是人民与政府赋予领导干部的权力。这些行贿者借着"节日"之名而行"钱权交易"之实，为了建立起密切的私人关系而利用节日时机与官员套近乎，若官员本人在此幌子之下迷失自我，心安理得地收受礼物，那么，最终便会在贪腐的路上越走越远。

在家风建设过程中，领导干部有必要与家人一起，研究如何"过节"这一问题。只有让家人从思想上重视起"过节即过坎"，才能使家人意识到某些人送来的看似微不足道的礼物，实则隐藏着大祸害。

同时，领导干部与家属也应将自家篱笆扎紧。在节日期间，与人吃饭时，饭前应展开三问：谁买单？和谁吃？在哪儿吃？节日期间亲友相聚言欢在所难免，但别有用心之人往往会在节日里请吃请喝，用"糖衣炮弹"攻陷干部与其家属。因此，领导干部与家属必须明确哪些饭局可以去，哪些饭局不能去，对吃请人情况、吃请动机、吃请范围不明的饭局主动拒绝，绝不可因小小饭局而失大德。

除此以外，领导干部还要在家中强调以下内容：节日期间不可收受红包。大大小小的节日，往往是违规收受礼品礼金多发的时间节点。虽然中央八项规定颁布实施以来，给官员送礼金礼品的现象得到了有效遏制，但随着科技的不断发展，行贿手段也随之提升，有些人用微信红包、支付宝转账、充值点券等隐蔽性极强的方式进行送礼。这些转入"地下"的行为依然是见不得光的，哪怕穿上了隐身衣，红包依然是红包，贿赂依然是贿赂，都是有违党纪国法的。领导干部必须让家人意识到这种红包会因为它的隐蔽性对公权力产生更大的腐蚀和破坏作用，而且依然会损害自己的形象和公信力。

鱼为什么会上钩，飞蛾为什么会扑火？皆在于诱饵具有巨大的诱惑力和迷惑性、欺骗性。节日如坎，领导干部有必要在家风建设中将这一点反复强调。唯有如此，才不会使自己变成别有用心之人眼中的上钩之鱼、扑火之飞蛾。

（三）接受监督，主动将家风纳入党风廉政范畴

领导干部的家风直接关系党风廉政建设，同时与党的形象息息相关。因此，党政干部不仅要在八小时上班时间内做好本职工作、做党的优秀代言人，还应在八小时以外立足廉政建设向家人提出严格具体的要求。同时，应接受甚至是主动邀请社会人员进行监督。

1. 加强党内监督

对领导干部的监督仍是目前党内监督实践中的难点和薄弱环节。党内监督的力度与形势发展的需要还不适应，与人民群众的要求还相去甚远。党内监督意识不浓厚，监督上级怕打击报复，监督同级怕伤和气，监督下级怕丢选票。有的领导干部认为自己是党员的先进分子，因而不需要监督，把监督视为组织上对自己的不信任。有的领导干部认为监督是对自己既得利益和权威的削弱，不愿接受监督。

党的十八届六中全会审议通过《中国共产党党内监督条例》是我们党在新的历史时期加强自身建设、全面从严治党，增强党在长期执政条件下自我净化、自我完善、自我革新、自我提

高能力的一项重大举措。党的领导机关和领导干部特别是主要领导干部必须严格贯彻落实《条例》，强化责任担当，突出领导机关和"关键少数"，强化自上而下的组织监督，改进自下而上的民主监督，发挥同级相互监督作用，真正使党内监督严起来、实起来。

对于所有手握权力的领导干部而言，权力都是一把"双刃剑"：将它用之于民则利，用于己则害。一旦权力姓了"私"，监狱之门便会为之而开。因此，每一位领导干部都应引以为戒，自觉地接受党内监督，才能够少犯错误。

2. 创新监督方法，增强社会监督作用

社会监督也是对领导干部进行监督的有效渠道。现实生活中存在着这样一类领导干部，他们与家人一起，被群众形容为"老虎的屁股摸不得"。不管是在公务公干还是在私人生活中，他们都坚持"走自己的路"，不听取他人的批评与意见，甚至是"说不得、碰不得"。这些领导干部与家属"一朝权在手"，便"脾气大如天"，只爱听好听话，不爱听批评话，别人提出了不同的意见，便不高兴、不自在，甚至给人记小账、穿小鞋。其后果必然是既使他人受到不公正待遇，又使自己丧失了公信力。现实生活中那些靠着"摆架子吃饭"的人，往往因为将批评视为敌意，而非爱护与帮助，一意孤行，最终一步步地走向犯罪深渊。因此，领导干部与其家属必须意识到这一点：领导干部唯有自身怀着"与人不求备，检身若不及"的品格，保持"德不胜其任，能不称其位"的警醒，打开心灵的窗户，让自己听听民风民评、散散自身的官气，个人从政能力才会更强，家人的整体素质才会更高。

从党的十八大以来查处的违纪案件来看，一些领导干部曾在私人场合发表了与"人前会上"相反的言论，但并没有受到监督，没有人加以制止，也没有人向组织反映，导致他们在违规违纪道路上越走越远。这些领导干部在组织面前极力隐藏自己，而在"党外"尤其是"八小时以外"，才会展现出真实的自己。从这个角度来说，"八小时以外"是监督的盲点，却也是监督的"突破点"。解决"八小时以外"领导干部监督问题，需要采取更有效的监督手段。一方面，要充分发挥社会监督力量。社会监督主要包括群众监督和媒体监督。社会监督在监督领导干部方面具有多重优势，如监督主体的数量庞大且不固定、监督覆盖面非常广泛，同时具有很强的灵活性，能够有效突破纪检部门对领导干部监督存在的"时空限制"。为此，应加大宣传，提高社会公众的监督意识，"激发和保护公众的监督热情，创造一种勇于监督、监督光荣的良好氛围"[①]。同时，畅通社会监督渠道，便于监督者及时、便捷地提供监督信息，并及时给予反馈，使监督者保持积极性。另一方面，要创新领导干部监督的方法和手段。可以借助大数据手段，积极开展网络政务公开、网络举报监督等活动，并探索建立领导干部廉政诚信信息系统、廉政风险预警系统等平台，全方位加强对领导干部的实时监督，使"两面人"式的领导干部"无处可藏"。

3. 立足慎独，展开自我监督

监督不仅有来自外部的，也有来自内部的，包括自我监督。领导干部的自我监督，指的是干部本人凭借着高度的自爱之心、政治责任感，自觉地抵制私欲导致的低级冲动与行为，使自己的一举一动都经得起组织和人民评判，担当得起家人的榜样。

① 陈朋：《一把手监督的逻辑理路与四维策略》，《探索》，2015年第4期。

领导干部一定要做好自我监督，及时地、果断地提醒自己谨言慎行、做好表率，这是领导干部自身修养的最起码要求。河南省某市建行原行长王某，由于受贿罪而被判处死刑。他最终走入歧途，主要原因就在于他欠缺这种自省式的自我监督。在伏法以前，他流着眼泪追悔莫及："假如我第一次走错路时，有人提醒我甚至给我一个处分，也不至于落到今天这个地步。"他至死也未曾明白，若抛弃了自我监督，外部的一切力量都是枉然，而这也正是他走上断头台的最关键原因。

领导干部本身在家风建设过程中起着榜样与权威的作用，因此，在家人面前，领导更应自重、自省与自警，在各个方面以身作则，树立起良好的榜样。要求他人做的，自己首先要做到；禁止他人做的，自己坚决不能做。对于领导干部而言，违法犯罪行为对国、对家、对自己的危害，恐怕没有一个人不知道。那些以身试法者在违法犯罪的道路上迈出第一步时，往往提心吊胆、惴惴不安，这其实就是一种自我警醒。可遗憾的是，在尝到了"甜头"以后，这种提醒便被欲望所冲淡，一旦侥幸心理和自我放纵在脑海中占据上风，个人便会在罪恶的泥潭之中越陷越深。在这种情况下，再谈家风建设已是枉然。

在犯罪道路上踏出第一步时，那些违法犯纪者抱怨无人提醒，可这与事实并不符合。党中央一直在针对领导干部的廉政问题发出告诫，而一些现实生活中真实发生的大案要案的反面教训更是振聋发聩，可有些人并不愿意听。如此重要的提醒尚且不愿接受，其他方式的提醒对于他们而言更是入不了耳、进不了心。外因永远是条件，只有内因才是根据。在家风建设过程中，领导干部只有真真正正地从自身做到自我监督、自我提醒，让自己与家人不心生邪念，才能真正地实现家风清正。

在自我监督的过程中，慎独是一个重要的方面。慎独是儒家修身养性的重要心法，它讲求的是道德的高度自觉与日常的严格自律。孔子曰："七十而从心所欲不逾矩"，即自己的言行举止动念起意皆可合乎礼、合乎道，而这一境界便可称为慎独修为的典范。《礼记·中庸》中写道："莫见乎隐，莫显乎微，故君子慎其独也。"意思是没有比在那些不易觉察的地方更能表现君子的人格，没有比细微之处更能显示君子的风范了，所以君子一定会严肃而谨慎地对待自己。

《礼记》只是将"慎独"进行了道德上的简述，而《大学》则详细解释了其内涵。"如恶恶臭，如好好色，此之谓自谦。故君子必慎其独也。小人闲居为不善，无所不至。见君子而后厌然，掩其不善，而著其善。人之视己，如见其肺肝然，则何益矣。此谓诚于中，形于外，故君子必慎独也。"这段话的意思是，就如同人厌恶恶臭、喜爱美色一般不欺骗自己，这便是发自内心的自我满足。因此，君子一定要在独处时保持谨慎的态度。小人在独处时什么坏事都能够干出来，可在见到君子时，又往往会躲躲藏藏，有意遮掩自己的不足，有意地表现自己的美德。人在观察自己时，就如同能够看到肺肝一样透彻，而这样的欺骗又有什么用呢？内心的真实，必定会表现到外在来，所以君子一定会慎独。

其实，细细说来，慎独中的"独"字有二义：一是人在独处、没有监视、无人看管时，应严格要求自己，不要做亏心事，不要做违反道德的事；二是对自我心理活动进行监督，哪怕是一个不好的念头都应警惕与克服，这样才能使自己真真正正地成为一个表里一致的端正之人。

刘少奇同志在《论共产党员的修养》中也曾经提及这种可

贵的慎独：共产党员"除开关心党和群众的利益以外，没有个人的得失和忧愁。即使在他个人独立工作、无人监督，有做各种坏事的可能的时候，他能够'慎独'，不做任何坏事"。①由此可见，对于领导干部而言，慎独是一种极其可贵的自我监督。

一般情况下，在众目睽睽之下，人们往往会格外注意自我行为，可在无人监督时，很多人便会松懈自我要求。想要在建设家风的过程中真真正正地做到慎独，干部本人就必须在"微"与"隐"处下功夫，严格自律，凭着修养者内心信念的力量选择道德行为，恪守道德原则。同时，通过自我亲身实践，将这种慎独的精神与做法进一步传递给家人，使他们与自己一起真正地做到静修己身、常思己过。

在当下物质生活丰富、充斥着各种诱惑，一些领导干部放松对自我的要求，甚至违背党规党纪，为了谋求一人、一家之利而做出违法之事来，都是因为其无法做到慎独。因此，党政领导干部有必要在家风建设中要求自己做到"慎独"，躬行践履，与家人一起，在内心深处自觉地筑起拒腐防变的"钢铁长城"，不管在有人还是无人之时，都坚守党性原则与法律道德规范，真真正正地做到"仰不愧于天，俯不怍于人"。

4. 加强家庭内部监督

拥有好家风，虽然使得官员在清廉方面有了思想上的基本保障，但在私欲和贿赂的长期侵蚀下，贪赃枉法、唯利是图的大有人在。如果能够对官员的腐败行为早发现、早提醒、早监督、早改正，那么那些贪官就不会越贪越大，最终走向犯罪深渊。

---

① 刘少奇:《论共产党员的修养（节选）》,《新湘评论》, 2015 年第 13 期, 第 61 页。

　　一个优秀、廉洁的领导干部背后必有家属的大力支持和无私奉献。家人之间联系紧密，对于领导干部的日常活动轨迹，家人是比较熟悉的。领导干部几点钟下班？下班以后若不回家，是在继续忙本职工作，还是与他人应酬交往？他（她）晚上是否晚归、不归，原因何在？若家人发现领导干部有不良行为和不正常的表现便及时劝说阻止。如果有人平白无故上门送钱送物，家人可以婉言拒绝，坚决不收，当好"守门员"，就能使领导干部及时避免"失足"，从而悬崖勒马、自警自省，不至于在违法犯罪的道路上越走越远，无法自拔。古代此类由家人制止贪腐苗头的人并不少。

　　陶侃，东晋名将，他为稳定东晋政权立下了赫赫战功，而由他治下的荆州更是"路不拾遗"。陶侃之所以获得如此政绩，与母亲的教诲密切相关。陶侃之母湛氏是个勤俭耐劳、贤惠明理的人。年轻时，陶侃在浔阳县做监管渔业的小官。一次，他让人将一罐腌鱼送给母亲吃。湛氏不仅原封不动地将鱼退还了他，而且写了一封信去斥责儿子，意思是：如今你做了官，却将公家的东西送给我吃，这不是孝顺我，反而增加了我对你的担忧，是为不孝之举！她以此举教育儿子为官要廉洁奉公、不谋取私利，陶侃也因此而遵从母训，在后来领军出征时，凡有战利品，都分给士卒，自己不留一点。

　　像陶侃母湛氏一类的好家属，在当代也不胜枚举，原荆州军分区退休老干部谢清渠、杜文礼便是其中两位。

　　谢清渠是原荆州军分区钟鼓楼干休所的老干部，他的儿子在法院当领导时，谢老经常告诫儿子一定要秉公执法，绝不能干亵渎神圣法律的事。为了更好地协助儿子的工作，谢老还饶有兴致地读了 10 多本法律方面的书籍，随时留心现实生活中的典型案例，用本子抄下来，供儿子借鉴。在他的影响下，儿子忠于职守，工作很有成绩。

荆州军分区原副参谋长杜文礼的儿子在检察院任反贪局局长期间，杜老每周将报纸、杂志登载的反腐败典型案例剪下来，归类后交给他，要求他认真看、谈心得、写体会，鼓励他"一身正气，严惩贪官"。在杜老的谆谆教导下，儿子多次被检察院评为"勤政廉政先进个人"。

腐败的原因很多，贪婪是关键的因素之一。当领导干部面对腐败的时候，是选择投机冒险还是坚决抵制，往往会经过复杂的思想斗争。作为家人，最容易发现领导干部的这种心理变化与思想矛盾。如果能够及时发现问题，冷静地帮助他分析腐败的危害，就有助于抵制腐败诱惑，及时消除私心杂念。有效地实施监督和制约，可以及早帮助领导干部悬崖勒马。

人是有七情六欲的，手中有权的人也是如此。在物欲横流的世界里要如何抵制诱惑，不被诱惑牵入腐败的深渊里？这不仅仅需要自身素质过硬，更需要家人的积极监督，帮助领导干部不断提高面对诱惑时的鉴别力、免疫力、抵抗力。当发现领导干部有追逐金钱和名利、放弃理想和信念、重个人利益而轻国家集体利益的行为，有贪图安逸享乐、经常出入豪华酒楼、宾馆和夜总会等高消费娱乐场所的行为，有把手中的权力作为回报的筹码、疏通路子的手段的行为，有结交一些不三不四的朋友、相互利用的行为，还有给人办成了事后收受"好处"的行为时，其家人一定要想办法把他拉回来，不能让他一步步滑向腐化堕落的深渊。这是身为家人的责任，也是保障领导干部前途与家庭幸福的重要措施。

5. 主动将家风建设纳入党风廉政范畴

作为党执政行为的实践主体，领导干部的一言一行都是执政党形象在人民群众心目中直接生动的诠释，而领导干部家庭更是因为其本身就是群众生活中的一部分而备受瞩目。实际工作中，少数领导干部在长期的工作中，习惯了"一言堂"，凡事总是一个人说了算。这种工作风气传染至其家庭氛围之中，便会直接地表现为：听不进家人任何与自己的观点相背离的意见，导致家庭生活中也出现"一言堂"。

领导干部怎样行使权力，以怎样的态度对待权力在行使过程中出现的错误与偏差，事关领导干部本人的政治品格，同时关乎整个家庭内部成员的道德素养问题，更与家风建设密切相关。查看近年来被查处的领导干部违纪案件便不难发现，他们违纪情形不同，蜕变的过程也各异。不过，这些人却有一个共同的特点：无视组织与群众的监督。有些人在错误事实已摆在面前的情况下还矢口否认，甚至是百般抵赖；有些人在面对组织谈话、函询说明问题时化实为虚、避重就轻；有些人虽然曾经在民主生活会上对自己的诸多问题做出过检讨，却含糊其词、语焉不详；有些人也曾经在组织面前承认了错误，并信誓旦旦地说自己会改过，可言出却无行随，对个人问题的整改成了走过场，搞起了"口头上虚心接受、行动中坚决不改"的把戏。现实生活中，一些领导干部与其家属听不得他人对自己的质疑，认为在生活领域中的小事是私人事情，容不得他人的批评。可事实上，恰恰是生活中的一些小事，才能使人民群众从中看到党执政为民的决心。

在"人人都是自媒体"的时代，领导干部应和家人共同接受来自社会方方面面的监督，涵养善于聆听的本领，虚心接受逆耳忠言,真正地实现敢于自查,更多地听取来自群众的真实意见,实现将家庭内部的小问题消弭于"闻则改之",让腐败无处生根,让清廉之花在家中盛开。

无数事实证明,一个纪律意识再强的干部,若长期处于监督不足的情况下,也极有可能会走向知法犯法的道路。一些官员在被查处以后,往往悔恨至极,痛恨自己未曾早日接受组织、社会与群众的各方监督,因一意孤行,导致自己与家人堕入违法犯罪的深渊而无法自拔。

山东省某市原市委书记胡某曾经说过:"官做到我这么大,也就没有人能监督得着了。"实际上,他所认为的没有任何监督,其实是不愿意接受任何监督,这样做的下场就是最终走向了收受贿赂的犯罪道路。已经被执行死刑的吉林省千万元巨贪乔某曾经对自己的犯罪原因进行过总结。在他看来,若当时的财务管理与审计能够严格一些,若领导能够时时监督自己,上级能时时提醒自己哪里做错了、哪些行为不应该做,自己不一定会走到今日的地步。辽宁省原副省长、省直辖市原市长慕某在被查处后说,自己担任了市长一职后,没有人监管,"成了党内个体户,如果有人经常管我,不至于走到今天"。

领导干部要从严治家,共保廉洁。领导干部严格要求家人,这是对家庭的负责,更是对家人的爱护。唐代诗人罗隐在《夏州胡常侍》一诗中写道:"国计已推肝胆许,家财不为子孙谋。"意思是为官者要献身国事,不要去为子孙谋家财。现在一些领导干部希望儿女生活得好些,想给后代积蓄点财产,结果走上利令智昏的道路。湖北省国税局原局长肖某,被查处时有这样一段自白:"我对我收受的这些钱从来没有支配过,一分钱都没挥霍。作为父母,我想的就是给孩子留点东西。但在不知不觉间,我把孩子也牵连了进来。"像肖某一样将"害心"当"爱心"的领导干部利用职权敛财，结果害了自己，害了子女，给家庭带来巨大的灾难，还使国家和社会遭受重大损失，也损害了党在人民心中的形象。

我们党历来重视家风建设。当前，的确有少数领导干部在家风建设上失之于宽、失之于松、失之于奢、失之于察，从而酿成恶果。有的整日忙于公务，与家庭成员的思想、感情交流很少，对家属子女在想什么、干什么不闻不问，听之任之；有的宽严失度，对家属子女严格不足，溺爱有余。依顺家属子女的无理要求，对他们的所作所为一味装糊涂，在大是大非面前丧失原则立场，不法分子才有机可乘，通过走"夫人路线""公子路线"，大搞权钱交易，谋取非法利益。

领导干部必须主动将家风建设纳入党风廉政范畴，增强管住、管严、管好家人的自觉性，坚决纠正"出了事才管"的错误观念，坚持把管教功夫下在平时，严肃家规，对家人严格教育、严格要求、严格监督，防微杜渐，及时发现和制止存在的苗头性问题、倾向性问题。不断提高家人的道德水准和法纪观念，自觉做到合理合法做事。带头维护党纪国法，发现家人的违纪违法行为要及时报告，并积极支持配合组织和司法机关调查，绝不能姑息迁就，更不能掩饰、庇护和阻挠，搞下不为例，切实做到严在平常、严在方方面面、严在点点滴滴。

总之，家风是家庭的精神内核，也是社会的价值缩影，家风的优劣关乎党风的好坏。从这个意义上讲，领导干部正家风，才能使党风更纯，廉政建设更有效。唯有把家风一项一项落到具体的事上，一桩一桩体现在为人处世上，从理念到行为都设置一些规范、规矩与规则，家风才会真正有效力。广大党员干部尤其是各级领导干部一定要高度重视家风建设，在保持自身廉洁的同时，要切实管好家人，严防家庭变成腐败的滋生地，以良好的家风推动廉政建设。党的十八大以来，以习近平同志为核心的党中央铁腕反腐，努力营造政治上的青山绿水，持续推动反腐从不敢腐、不能腐向不想腐转变。家风传承不可忽视，领导干部要以家风带动党风和政风的转变，不断夯实反腐倡廉"不想腐"的根基，为反腐持续深入推进注入新活力。

第六章　领导干部家风建设是引领社风民风的风向标

　　家庭是人类传承生命的场所，也是传递文化、锤炼品行的园地。家庭是一个人价值观形成和行为习惯养成的首要场所，好的家庭风气对一个人的生存和发展起着重要作用。如果一个家庭始终秉承积极健康向上的纯正家风，在优良家风的严格约束下，家庭成员一般都会养成良好的道德操守和优良的个人品质，在与社会融入的过程中，将会对他人形成潜移默化的影响，也会起到积极的引领和示范作用，从而对于提升整个社会道德水准大有裨益；反之，在一个家风不正、家教不严的家庭，子女的个体社会化往往会出现偏差。

　　良好的家风传承是形成优良社会风尚的基础途径。"笃学修行，不坠门风""勿以恶小而为之，勿以善小而不为"……这些在我国千古流传的优良家风的名言与当前我党和国家所倡导的"富强、民主、文明、和谐，自由、平等、公正、法治，爱国、敬业、诚信、友善"的社会主义核心价值观一脉相承。从社会风尚的形成机理角度出发，各个时代、各个家庭形成并传承下来的良好家风在积淀后形成的民风、社风，为清正党风、政风提供了坚固的基石。因此，建设全社会良好风气应该以家风建设为出发点。

　　优良的家风，会潜移默化地对广大人民群众的价值观、道德观、世界观形成重大的影响，从而产生、汇聚并激荡成时代新风尚，凝聚成强大的社会正能量，而引导并激活这些文化基因是领导干部不容推卸的责任。领导干部只有严于律己、以身作则，构建个体家庭的良好家风，才能汇聚强大正能量，引领社风民风崇德向善。

家风正则民风淳，民风淳则社稷安。古人有言："一家仁，一国兴仁。"领导干部注重家风建设，绝不是个人私事小事。只有一个个小家树立了良好的家风，才能汇聚成我们国家良好的民风、社风。

一、好家风是社风民风的基石

中华民族历来重视家庭。中华民族传统家庭美德铭记在中国人的心灵中，融入中国人的血脉中，是支撑中华民族生生不息、薪火相传的重要精神力量，是家庭文明建设的宝贵精神财富。要重视家庭文明建设，努力使千千万万个家庭成为国家发展、民族进步、社会和谐的重要基点，成为人们梦想启航的地方。好家风是传承中华民族的优良传统美德的载体，是社会主义新风尚的基础组成要素，是社会民风的基石。而领导干部家风是社会风气的一面旗帜，承担着特殊的政治和文化使命，具有领航的作用。

（一）好家风是构建全社会良好风气的出发点和落脚点

家风作为一个家庭通过社会影响、传统接力、长辈教诲、自我约束而形成的道德，可全方位地影响每个家庭成员的道德观念、法规意识、行事作风、为人之道，家风对每一个公民具有隐默而长远的影响。家庭是社会风气寓居的小环境，小环境的风气搞好了，社会大环境的风气也就容易建树起来。家风建设实际上是中国人修身、齐家、治国安邦的重要途径，是社会安定的重要因素。家风净化了，社会风气正了，核心价值观就会悄然地在每一个公民心中生根发芽。换言之，作为与社会风气相互作用的家风，其内容和形式也会时时刻刻继承、投射和演化着社会秩序，成为文化浸润最基本、最重要的机制。

好家风是弘扬和践行社会主义核心价值观最重要的手段。以家风家教为抓手培育和弘扬社会主义核心价值观，对于引领全体人民的信仰追求，提振中华民族的精神境界，筑就我们国家的精神家园，实现民族复兴的中国梦想，都具有十分重要的历史意义和现实意义。领导干部在家风建设中要自觉成为中华传统美德、中国优秀文化和社会主义核心价值观的传承者、践行者和守卫者。

（二）领导干部家风正是社风民风的"脊梁"

良好的家风铸就良好的社风，家庭文明是社会文明的基础，是精神文明建设的重要领域，其文明程度直接影响和制约着社会的和谐发展水平。家庭是社会的重要组成部分，家风则是社会文明程度的缩影，每个家庭的家风汇聚起来就形成了社会的民风和社风。家风是社风的精神支柱。领导干部家风是社会风气的聚焦点，理应传承好"红色家风"，努力做家风建设的表率，过好亲情关，把廉洁修身、廉洁齐家落到实处，方能支撑起社会主义新风尚的脊梁。

陈云家风"三不准"，宝贵的是陈家子孙代代相传；万里身教"三不主义"，宝贵的是子代后代一脉相承；习近平总书记家风的"旗号理论"，宝贵的是身边人决不打着旗号办事。正是这种看似"无情"的家风，铸就了这些好干部坚实、正直的脊梁，撑起了国富民强的奠基者，放飞了中华儿女的"中国梦"。[①]

领导干部必须树立好家风，推广好家风、好家训，弘扬中华民族优秀传统文化，倡导正确的家庭价值取向，以好家风涵养品格，以好家训规范行为，以好的家风支撑起好的社会风气，编织起亿万家庭的幸福梦，凝聚起中华民族伟大复兴的强大力量。

（三）优秀领导干部家风是带动社风民风的不竭源流

家风是家族子孙代代恪守家训、家规而长期形成的具有鲜明家族特征的家庭文化形态，是一个家族最宝贵的财产，是每个家族成员自豪感的源泉。家风是融化在我们血液中的气质，是沉淀在骨髓里的品格；家风是我们立身做人的风范，是我们工作生活的格调；家风是社会风气的重要组成部分。家庭不只是人们身体的住处，更是人们心灵的归宿。[②]

优良的领导干部家风是中华民族优良传统的集中体现，凝聚着中华儿女的文化认同和社会认同，是一种润物细无声的品德力量，潜移默化地影响着社风民风，是带动社风民风的不竭源流。

领导干部家风与民风密切相连。在老百姓心目中，官员就应该是道德楷模或道德标杆，标杆的滑落往往会导致民风日下，

---

① 刘仕鱼:《好家风撑起干部的脊梁》，http://www.xinhuanet.com/politics/ 2016–05/10/c_128973854.htm

② 习近平:《在会见第一届全国文明家庭代表时的讲话》，《人民日报》，2016年12月16日。

没有清正的干部作风也很难有高尚的民德。领导干部的家风，一头连着党风政风，另一头连着社风民风。

良好的领导干部家风作风，是淳朴社风民风的源泉。古语有云："将教天下，必定其家，必正其身。"抓住家风这个重点，就是要以小见大，从细微处入手，以润物细无声的方式，以良好的家庭文明之风带动社风、民风、国风向上向善。树立家庭文明传承，倡导廉洁之风，塑造和谐家庭，以道德责任坚守为人准则；以守纪意识树立底线思维；以优良家风筑牢反腐防线；以美满亲情维系家庭和谐。让优秀的家风世代相传，进而影响身边人，扩散正能量，带动社风民风，把家庭家风建成营造社会新风尚的坚固堡垒和坚强后盾。如果家风廉洁，就能有效地抵御物欲膨胀、道德堕落、精神雾霾，有效化解贪婪、势利、奢侈、市侩等不良习气的污染。

领导干部作为党风之旗帜、社会风气之表率，要率先垂范，通过狠抓家风建设，正党风、清政风、带民风、促社风。

二、以好家风吹散社会不正之风

古语有云："富不过三代""君子之泽，五世而斩"。也就是说，成功人的家庭很难一直延续下去。其中很重要的原因是成功之前家庭有许多好的做法，但成功之后条件变了，好的家风没有传承下去。比如从穷人变成有钱人，艰苦奋斗勤俭之风难以坚持，因此出现种种问题。家风如此，社风亦如此。我们要全面建设小康社会，不是让个别的人富裕起来，而是让大家都富裕起来；不是少数家庭要怎样对待变化，而是整个社会要思考如何继承勤俭谦虚、不断奋斗的品质。

家风决定民风，民风影响家风。享乐主义和奢靡之风等不正之风传染性强，不仅个别富裕家庭里有，全社会同样存在。讲排场比阔气、高档消费一掷千金、婚丧嫁娶大操大办，要"面子"、不要"里子"的奢靡之风也对社会风气产生不良影响。勤俭节约、勤俭持家是中华民族五千年的传统美德，体现了中华民族的本色。我们刚刚解决温饱、过上小康生活，决不能未富先奢、滋长享乐主义。领导干部更要以身作则，狠抓家风建设，做好带头人，促进民风转变、移风易俗，推动社会风气健康发展。

（一）以干部好家风为社风民风"正衣冠"

众所周知，中华民族是一个古老的农耕民族。100多年来，中华民族经历了一场前所未有的文明转型与历史巨变，延续了数千年的耕读文化，在工业化、城镇化和现代化的巨大冲击之下被不断侵蚀，乡土、乡情、乡愁似乎逐渐被人们从记忆中抹去。在我国改革开放的40余年里，经济发展一直是一切工作的中心，经济上取得了较大的提高，社会得到了极大的进步，人民生活水平也迈上了新台阶。但曾几何时，社会上却刮起一股奢靡攀比之风，节庆礼俗发生了异化——婚丧喜庆的请柬变成"红色催款单"，有人接到请吃酒的电话时手都发抖；传统年节变成了"人情节""还债日"，多少人东奔西走，苦不堪言；子婚女嫁时，一桌豪筵盛餐超过百姓多年收入的事件时有耳闻。至于一般性的攀比斗富——车子、房子、服饰穿戴、家具用具等比比皆是。《左传·庄公二十四年》有曰："俭，德之共也；侈，恶之大也。"铺张、浪费、挥霍、奢侈，不应成为能力、本事、财富和荣耀的象征。

至于其他不正之风，诸如拜金主义、享乐主义、诚信缺失、社会关爱散失、传统道德失灵等问题层出不穷，特别是一些"富二代""官二代"炫富拼爹、领导干部子女配偶受贿贪赃等负面新闻，影响极其恶劣。这些不正之风波及每个社会个体，不仅影响了人们的正常生活，长此以往还将阻碍社会和谐进程，不利于党的事业和国家的长治久安。"负能量"客观存在，作为领导干部，更不应该对不良的社会风气无动于衷，不能随波逐流，而是应该守住正气、坚决抵制。

（二）领导干部要做引领社风民风的践行者

领导干部的家风出问题，严重影响党风建设，败坏社会风气。因此，这也成为对领导干部提升党性和转变作风的一个基本要求。

领导干部要注重言传身教，树立良好形象，做好示范表率作用。在家庭中扮演好长辈角色、维护好家长形象、当好孩子的第一任老师；要自觉树好家风标杆，遵循积德行善、勤俭节约、积极向上等家规家训，带头践行廉洁从政的各项要求，不断增强生活作风建设的自觉性。要注重纯洁社交圈、净化生活圈、规范工作圈、管住活动圈。

领导干部也要加强对家人的教育和管束，要不忘给家人吹吹"冷风"。以"殷鉴不远，在夏之后"的现实事例警醒家人和自己。领导干部作为"国之栋梁""家之主人"，当自觉摆正党性与亲情关系，严格管好、管住子女和亲属，不以权谋私、不以权谋利，涵养好家风、滋养好作风、培育好党风、引领好社风。

领导干部自己工作繁忙时，要不忘给家人吹吹"暖风"，和家人多团聚、多交流、多沟通，打造温馨和谐家庭氛围。领导干部首先是平常人，其次才是带头人，需要家庭的温暖和支持。

一个家庭的幸福美满，会给一个人带来对社会的饱满热情和正确处理问题的思维。一个领导干部家庭的幸福美满，会给社会带来创新的激情和发展。在家庭生活中，领导干部要高度重视个体家庭道德修养的培育，正确处理父母、夫妻、子女、兄弟姐妹和妯娌等亲属关系，树立勇担责任、注重亲情、懂得感恩、友善和睦的良好家庭形象，为整个社会树立优良家风的典范。

领导干部的家风建设和家庭美德对于社会建设和社会公德的形成十分重要。党风、民风都与家风息息相关，以家风为切入点，落实到每家每户，才能以点带面，形成全社会普遍遵循的社会风尚，进而转化为良好的党风政风。领导干部在重视家风建设中，要做到管好家人、处好家事，做到关爱不溺爱、善待不纵容，以优良家风促进党风政风，带动社风民风，才会让社会更为和谐。

（三）领导干部家风引领社风民风，永远在路上

善恶之习，朝夕渐染，易以移人。社会风气一旦形成，就会像一股洪流，将所有人裹挟在内，推向南北西东，其影响力不容小觑。古谚云"入芝兰之室，久而不闻其香；入鲍鱼之肆，久而不闻其臭"，说的就是所处环境和人群会对人产生潜移默化的影响。生活在路不拾遗、夜不闭户的社会风气当中，每个人都如沐春风，自然能够各安本业；而在礼崩乐坏、法令不彰的社会风气下，只会乱象频出、民不聊生。社风民风建设关系党风政风、国家兴亡，因此领导干部必须重视引领社风民风向上向善，起到表率作用。

《韩非子》中有这样一个故事：齐桓公有一阵子喜欢上了紫色的衣服，结果上行下效，整个都城的人都爱上了穿紫色衣服，

这使得紫色衣服价格大涨。齐桓公在观察到这一点后极为忧虑，对管仲说："因我爱穿紫衣，导致整个都城的紫色布料都涨价了，怎样才能让这种穿紫衣的风气消失呢？"

管仲给出了建议：想要不穿紫衣，齐桓公需要先从自己做起。于是，齐桓公后来对觐见自己的人说："离我远一点，我不喜欢紫色衣服的味道！"此言一出，当天朝会时便再无人穿紫衣；而第二天时，都城内的紫衣便消失了；第三天，全国便再也无人穿紫衣了。

《南村辍耕录》中提及了古代妇女缠足习俗的由来：南唐李后主的嫔妃窅娘美丽多才、能歌善舞，为了欣赏她的舞蹈，李后主专门制作了高六尺的金莲，以珠宝绸带璎珞装饰，命窅娘以帛缠足，使脚纤小屈上做新月状，再穿上素袜在莲花台上翩翩起舞，从而使舞姿更加优美。此后，民间也效仿之，以纤足为妙，以不为者为耻。

这两则故事一正一反，恰恰说明了领导人若在私人生活上不注意的话，小事便会变成影响民风的大事。

领导干部与其家庭成员生活俭朴、作风优良，这本身就是一种无声的宣言，可使群众自动自发地形成见贤思齐的习惯。

领导干部家风作风引领社风民风往往具有立竿见影的效果。为了克服不良风气，中央专门出台了八项规定、反对"四风"，纠正党风、干部作风，带动社风民风，力求彻底肃清积习，可谓用心良苦。但社风民风问题具有顽固性和反复性，抓一抓有好转，松一松就反弹。有些社会不良风气积习甚深，可谓冰冻三尺非一日之寒，改起来并不容易。正家风、易风俗贵在久久为功，唯有坚持不懈，方能取得实效。领导干部必须从点滴做起，由浅入深、由易到难、循序渐进，不能搞一阵风，要像"润物细无声"一样，一个阶段一个阶段地抓，长期坚持，必见成效。那时领导干部家风必将更加浩然正气，社风民风更加纯朴友善，形成全社会良性的大循环。

三、领导干部家风引领社风民风向上向善的途径

（一）以时不我待的紧迫感加强家风建设

"不论时代发生多大变化，不论生活格局发生多大变化，我们都要重视家庭建设，注重家庭、注重家教、注重家风，紧密结合培育和弘扬社会主义核心价值观，发扬光大中华民族传统美德，促进家庭和睦，促进亲人相亲相爱，促进下一代健康成长，促进老年人老有所养，使千千万万个家庭成为国家发展、民族进步、社会和谐的重要基点。"① 习近平总书记在 2015 年春节团拜会上发表的重要讲话，着重强调了家风建设在培育和弘扬社会主义核心价值观以及增进社会健康发展中的重要作用。家风建设就像逆水行舟，不进则退。家风向着好的方面转化还是向着不良的方面转化，领导干部起着重要的表率作用。领导干部应该清醒地认识到，在我们这个伟大的时代，要以时不我待的紧迫感，以舍我其谁的责任感，继承和弘扬中华优秀传统文化，继承和弘扬革命前辈的红色家风，真正把优良家风建设当作自己履职敬业、严以修身的必修课，不断加强家风建设。

首先，要继承和弘扬中华优秀传统文化。建立良好家风，就要重传统，不断丰富良好的家风观内涵。中国自古以来不缺传承好家风、涵养好家训的典型例子。素有"河南南皮"之称

---

① 习近平：《在 2015 年春节团拜会上的讲话》，《人民日报》，2015 年 2 月 18 日。

的张之洞，与李鸿章、左宗棠、曾国藩并称为"晚清四大名臣"。虽然官位高、权力大，但是张之洞一直秉承清白为官、干净做人的高贵品质。与此同时，他还不忘经常写信告诫自己的儿子，要从小树立报国志向。张之洞在《诫子书》的信中写道："盖欲汝用功上进，为后日国家干城之器、有用之才耳"。意在告诫儿子要通过不断地努力学习，成为对国家和社会有用的人才。《清史稿》本传记载："张之洞任疆吏数十年，及卒，家不增一亩。"1909年临终之际，他还在病榻上教育几个儿子要"兄弟不可争产，志须在报国，勤学立品；君子小人，要看得清楚，不可自居下流"，并要求儿子们将自己的叮嘱反复朗诵，一直看到他们都已熟记在心才溘然长逝。张之洞对后辈子女们的要求以齐家、报国、立业、修身为主要落脚点，并严格要求他们能够做到，其家风对后世产生了深远的影响，至今仍值得我们学习。

中华民族历来崇德尚礼，在牢记并传承传统美德时，领导干部要以德为先。"德"是治党的重器，党规党纪的重要来源之一。它既包含了党赖以立党执政的理想信念宗旨，在革命烈火中淬炼并传承下来的优良传统作风，也包括历经历史长河磨炼、沉淀而形成的中华民族传统的优良美德。领导干部要以"德"为基础，培育并传承优良家风，进而促使领导干部执政中形成优良作风、涵养优秀政德，而优良的作风和政德又进一步主导自身家风的走向，并成为社风民风的导向，形成良性循环。领导干部要积极并善于汲取中华民族传统社会家风、家教、家训中的有关美德的积极因素，端正家风、严格家教，引领社风民风向上向善。

其次，要把优良家风建设当作自己履职敬业、严以修身、锤炼党性的必修课。家风是一个家族长期恪守家训、家规而形成的具有鲜明特征的家庭文化。领导干部"姓党",家风建设务必与党性教育同步,使家风建设与党风建设保持高度一致,把党的远大理想融入家风建设中来,使家风具有鲜明的党性特征。领导干部不仅自己要树立正确的权力观、地位观、利益观,牢记党和人民赋予的权力只能为人民群众服务,而且要将它灌输到家风建设当中,时刻告诫家人以及亲戚朋友,要有远大的理想、坚定的信念,做自己工作上的好帮手、家庭中的好伙伴。

自觉遵守党纪国法。没有规矩,不成方圆。领导干部在单位有单位的"规矩"。为官从政,要以党纪国法为根本遵循,不仅自己一丝不苟地做到严以律己,始终做到心中有戒不妄为,而且要告诫家人和亲戚朋友,守住遵纪守法的底线。

恪守为民务实清廉的好作风。共产党人的家风,其实也是党的优良作风之一。领导干部要始终牢固树立全心全意为人民服务的宗旨意识,做到一心一意为人民群众谋福祉,真正做到"从群众中来,到群众中去";为人民群众多做实事、好事,让群众得到实惠。领导干部要以焦裕禄、孔繁森、郑培民等为榜样,区分公私界限,恪守清正廉洁。同时,还要告诫家庭成员,一定要拒绝一切跟金钱利益有瓜葛的人和事,真真切切地为自己筑起一道坚固的拒腐防变的"家庭防线"。

最后,要自觉把传统的优良家风与老一辈革命家的红色家风结合起来。新时代领导干部的家风建设,既要继承中华民族优秀传统文化中的优良家风,又要与老一辈革命家的红色家风结合在一起,使之更加完善,更加贴近时代要求,符合时代需要。

领导干部要多读一些古人留下来的"家规""家训",比如

《颜氏家训》《朱子家训》《曾国藩家书》等，从中汲取优良家风
建设的精髓。老一辈革命家的优良家风，也是领导干部学习的
好教材。领导干部要多读党史，了解老一辈革命家在革命、建
设和改革的不同时期的无私奉献精神和优良革命传统。最重要
的是，要把尊老爱幼、夫妻和睦、勤俭持家、邻里团结、责任
担当、诚实守信的中国传统社会的家风家教，同毛泽东、周恩
来、朱德、刘少奇、邓小平等老一辈革命家自强不息、艰苦朴
素、勤俭节约、实事求是、自我批评、心系天下的优良作风结
合起来学习，使之运用到实践中。同时，还要牢记习近平总书
记对领导干部家风建设的深刻阐述，尤其是要把社会主义核心
价值观作为家风建设的重要内容，这样才能真正做到适应时代
发展的要求，与时俱进。

　　任何一个国家必须有自己的国魂，任何一个民族必须有自
己的民族精神，只有这样才能把全民族的智慧集中起来，形成
无比强大的精神力量和物质财富。作为民族精神最基本内容之
一的家风，在社会发展和民族进步中起着无可替代的重要作用。
它是一个家族历经岁月的沉淀、世世代代地相传，从而形成的
独具特色的优良风气；是一种能让后人立身于社会、受益终身的
品质。领导干部要不断丰富家风内涵，继承好家风，培育好家
风，示范好家风，以实际行动争作"最美家庭"的表率。唯有
这样才能使自己在社会大家庭中有情怀、负责任、勇担当，在
小家庭中立得起、叫得响、有分量，把家风建设做扎实。

（二）抓好领导干部优良家风建设的关键

　　领导干部家风要成为引领社风民风向上向善的风向标，落
脚点应放在效用上，着眼点集中在"三类人"，要让家风实实在

在地成为党员干部拒腐防变的一道坚固防线。

一是着眼于领导干部。一些领导干部虽然心中有家，但家风观念模糊。为了让家风建设触动领导干部的心灵，可以通过开展"立家规、正家风、严家教"家风教育活动的方式，让领导干部静下心来思考触动自己心灵的家风故事，让他们回忆过往不易，意识到党和国家走到今天离不开好家风的耳濡目染，激起他们建设优良家风的自觉性。同时，注重发挥典型示范作用，开展评选活动，以优秀领导干部为榜样，树立好家风，建设好家庭。

二是着眼于青年后备干部。青年后备干部是干事创业的中坚力量，涵养好家风、传承好作风责无旁贷。要针对青年后备干部的特点，以参与式、体验式、互动式宣传引导为主，提升工作实效。通过开展优良家风主题演讲比赛、家风故事会、家风文艺节目编演等活动，让青年干部采写身边的好家风，讲述身边的好家庭，汇演身边的好故事，在参与中体会、在体会中成长，促使他们转变观念，认识到家风建设的必要性，从而更好地践行。

三是着眼于领导干部家属。在查处的领导干部腐败案件中，有不少干部家属牵涉其中，发挥负面作用。可见领导干部家属也是"优良家风"建设的重要一环。可以开展"贤内助、廉内助"主题活动，让干部家属以签字的形式立下精神承诺，倡导把好家庭廉政关；举办"优良家风"建设专题讲座，帮助他们正确认识家风建设的重要性；向党员干部家属赠送《中国共产党廉洁自律准则》《中国共产党纪律处分条例》读本，宣传党风廉政建设新形势新要求。上述举措可以引导他们崇德向善、勤俭持家，充分发挥干部家属在家风建设中的重要推动作用，当好"廉内助""守门员",常吹"清廉风"。

（三）肩负家庭责任，构筑良好家风

家规、家风，是社会风气的一个窗口。作为领导干部，既要管住自己，又要管得住家庭其他成员。我们正处在改革攻坚克难的关键时期，更需要我们领导干部主动担好家责，自觉地把好家规、家风关，把良好的家规、家风带到社会中来，为实现中华民族伟大复兴的中国梦营造出良好的社会风气。

领导干部大多是家庭的核心，其一言一行往往潜移默化地影响着家庭成员，因此，领导干部首先要自己带头做好表率，这样才能使家人信服，进而形成良好家风。在家风问题上，也存在"子率以正，孰敢不正"的现象。如果领导干部自身品行不端，行为不正，难以想象其能带出怎样的家风。领导干部务必提升个人修养，端正品行，加强、坚定党性修养，修炼共产党人的"心学"和"德学"，始终坚定共产主义信念、坚持走中国特色社会主义道路。领导干部要牢固树立正确的权力观、地位观、利益观，"水能载舟，亦能覆舟"，要始终牢记自己的权力、地位都是党和人民赋予的，权力只能是全心全意为人民服务的手段，而绝不是为个人和家庭谋取私利的工具，手中的权力绝不能沦陷于亲情、友情、私情。领导干部的举止言行代表着一个家庭的家规、家风，只有严格要求自己，提升个人修养，才能为家人作出榜样，才会使家人信服，在家人面前才能树立威信，家庭成员才能恪守家规、传承家风。领导干部首先要做到克己奉公、廉洁自律、清清白白做人、干干净净做事，端正自己的品行才能成为他人表率，才能严格要求他人。要始终做到知行合一、言行一致，始终坚定共产党人崇高的理想信念，保持高尚的道德品行，养成积极健康的生活情趣。

建立良好家风，就要严持家，强化严格的教育观。领导干部建立好的家风，强化对家庭的教育和管理，就要经常对自己的亲属进行廉政教育，打好"预防针"、建好"后花园"，避免"祸起萧墙"。根据领导干部权力的范围和要求，对家人标出"红线"，划定"禁区"。要提早预防，从细微处入手，从小事做起，细致观察家属子女的异常之举，多加关注家人的社交范围，一旦发现家人结识了可疑和别有用心之人，一定要严加告诫和约束，做到见微知著、防微杜渐，防患于未然。领导干部一旦发现家庭成员存在利用自己职权谋取私利甚至做出违法犯罪行为，要严格管束、严加惩戒，绝不能纵容包庇、迁就姑息。

进入新时代，家庭依然是国家发展、民族进步、社会和谐的重要基点，也是每一个人梦想启航的地方。"忠厚传家久，诗书继世长"，良好家风是中华传统文化的璀璨明珠，是中国共产党长盛不衰的红色基因，是领导干部干事创业的重要软实力。领导干部要带头抓好家风建设，做到家风正、作风淳、廉洁奉公，以优良家风推进党风、政风、民风、社风向好向善。